Pythonによる 実務で役立つ 最適化問題 100+ 2

割当・施設配置・在庫最適化・巡回セールスマン

久保幹雄［著］

朝倉書店

序

実務で役に立つ 100+の最適化問題に対する定式化と Python 言語を用いた解決法を紹介する.

はじめに

本書は,筆者が長年書き溜めた様々な実務的な最適化問題についてまとめたものである.本書は,JupyterLab で記述されたものを自動的に変換したものであり,以下のサポートページで公開している.コードも一部公開しているが,ソースコードを保管した GitHub 自体はプライベートである.本を購入した人は,サポートページで公開していないプログラムを

`https://www.logopt.com/kubomikio/opt100.zip`

でダウンロードすることができる. ダウンロードしたファイルの解凍パスワードは `LG_%22_ptK+`である.

作者のページ

`https://www.logopt.com/kubomikio/`

本書のサポートページ

`https://scmopt.github.io/opt100/`

出版社のページ

`https://www.asakura.co.jp/detail.php?book_code=12273`

`https://www.asakura.co.jp/detail.php?book_code=12274`

`https://www.asakura.co.jp/detail.php?book_code=12275`

指針

- 厳密解法に対しては，解ける問題例の規模の指針を与える．数理最適化ソルバーを使う場合には，Gurobi か（それと互換性をもつオープンソースパッケージの）mypulp を用い，それぞれの限界を調べる．動的最適化の場合には，メモリの限界について調べる．
- 近似解法に対しては（実験的解析に基づいた）近似誤差の指針を与え，理論的な保証よりも，実務での性能を重視して紹介する．
- 複数の定式化を示し，どの定式化が実務的に良いかの指針を示す．
- できるだけベンチマーク問題例（インスタンス）を用いる．
- 解説ビデオも YouTube で公開する．
- 主要な問題に対してはアプリを作ってデモをしたビデオを公開する．

格言

本書は，以下の格言に基づいて書かれている．

- 多項式時間の厳密解法にこだわるなかれ．言い換えれば well-solved special case は，ほとんど役に立たない．
- 最悪値解析にこだわるなかれ．最悪の場合の問題例（インスタンス; instance）というのは滅多に実務には現れない．そのような問題例に対して，最適値の数倍という保証をもつ近似解法というのは，通常の問題例に対して良い解を算出するという訳ではない．我々の経験では，ほとんどの場合に役に立たない．
- 確率的解析にこだわるなかれ．上と同様の理由による．実際問題はランダムに生成されたものではないのだ．
- ベンチマーク問題に対する結果だけを信じるなかれ．特定のベンチマーク問題例に特化した解法というのは，往々にして実際問題では役に立たない．
- 精度にこだわるなかれ．計算機内では，通常は，数値演算は有限の桁で行われていることを忘れてはいけない．
- 手持ちの解法にこだわるのではなく，問題にあった解法を探せ．世の中に万能薬はないし，特定の計算機環境でないと動かない手法は往々にして役に立たない．

動作環境

Poetry もしくは pip で以下のパッケージを入れる．他にも商用ソルバー Gurobi, Opt-Seq, SCOP などを利用している．これらについては，付録 1 で解説する．

```
python = ">=3.8,<3.10"
mypulp = "^0.0.11"
networkx = "^2.5"
matplotlib = "^3.3.3"
plotly = "^4.13.0"
numpy = "^1.19.4"
pandas = "^1.1.4"
requests = "^2.25.0"
seaborn = "^0.11.0"
streamlit = "^0.71.0"
scikit-learn = "^0.23.2"
statsmodels = "^0.12.1"
pydot = "^1.4.2"
Graphillion = "^1.4"
cspy = "^0.1.2"
ortools = "^8.2.8710"
cvxpy = "^1.1.12"
Riskfolio-Lib = "^3.3"
yfinance = "^0.1.59"
gurobipy = "^9.1.1"
numba = "^0.53.1"
grblogtools = "^0.3.1"
PySCIPOpt = "^3.3.0"
HeapDict = "^1.0.1"
scipy = "1.7.0"
intvalpy = "^1.5.8"
lkh = "^1.1.0"
```

100+の最適化問題

本書では次のような話題を取り上げている．

（1 巻）

- 線形最適化
- （2 次）錐最適化
- 整数最適化
- 混合問題（ロバスト最適化）
- 栄養問題
- 最短路問題
- 負の費用をもつ最短路問題
- 時刻依存最短路問題

- 資源制約付き最短路問題
- 第 k 最短路問題
- パスの列挙問題
- 最長路問題
- Hamilton 閉路問題
- 多目的最短路問題
- 最小木問題
- 有向最小木問題
- 容量制約付き有向最小木問題
- Steiner 木問題
- 賞金収集 Steiner 木問題
- 最小費用流問題
- 最小費用最大流問題
- 輸送問題
- 下限付き最小費用流問題
- フロー分解問題
- 最大流問題
- 最小カット問題
- 多端末最大流問題
- 多品種流問題
- 多品種輸送問題
- 多品種ネットワーク設計問題
- サービスネットワーク設計問題（SENDO）
- グラフ分割問題
- グラフ多分割問題
- 最大カット問題
- 最大クリーク問題
- 最大安定集合問題
- 極大クリーク列挙問題
- クリーク被覆問題
- グラフ彩色問題
- 枝彩色問題

（第 2 巻）

- 極大マッチング問題
- 最大マッチング問題
- 安定マッチング問題
- 安定ルームメイト問題
- 割当問題
- ボトルネック割当問題
- 一般化割当問題
- 2 次割当問題
- 線形順序付け問題
- Weber 問題
- 複数施設 Weber 問題 (MELOS-GF)
- k-メディアン問題
- 容量制約付き施設配置問題
- 非線形施設配置問題
- p-ハブ・メディアン問題
- r-割当 p-ハブ・メディアン問題
- ロジスティックス・ネットワーク設計問題（MELOS）
- k-センター問題
- 被覆立地問題
- 新聞売り子問題
- 経済発注量問題
- 複数品目経済発注量問題
- 途絶を考慮した新聞売り子問題
- 安全在庫配置問題（MESSA）
- 適応型在庫最適化問題
- 複数エシェロン在庫最適化問題（MESSA）
- 動的ロットサイズ決定問題
- 単段階多品目動的ロットサイズ決定問題
- 多段階多品目動的ロットサイズ決定問題（OptLot）
- 巡回セールスマン問題
- 賞金収集巡回セールスマン問題
- オリエンテーリング問題
- 階層的巡回セールスマン問題
- 時間枠付き巡回セールスマン問題

（第 3 巻）

- 容量制約付き配送計画問題
- 時間枠付き配送計画問題
- トレーラー型配送計画問題（集合分割アプローチ）
- 分割配送計画問題
- 巡回セールスマン型配送計画問題（ルート先・クラスター後法）
- 運搬スケジューリング問題
- 積み込み積み降ろし型配送計画問題
- 複数デポ配送計画問題（METRO）
- Euler 閉路問題
- 中国郵便配達人問題
- 田舎の郵便配達人問題
- 容量制約付き枝巡回問題
- 空輸送最小化問題
- ビンパッキング問題
- カッティングストック問題
- d 次元ベクトルビンパッキング問題
- 変動サイズベクトルパッキング問題
- 2 次元（長方形; 矩形）パッキング問題
- 確率的ビンパッキング問題
- オンラインビンパッキング問題
- 集合被覆問題
- 集合分割問題
- 集合パッキング問題
- 数分割問題
- 複数装置スケジューリング問題
- 整数ナップサック問題
- 0-1 ナップサック問題
- 多制約ナップサック問題
- 1 機械リリース時刻付き重み付き完了時刻和最小化問題
- 1 機械総納期遅れ最小化問題
- 順列フローショップ問題
- ジョブショップスケジューリング問題
- 資源制約付きスケジューリング問題（OptSeq）
- 乗務員スケジューリング問題
- シフト最適化問題
- ナーススケジューリング問題
- 業務割当を考慮したシフトスケジューリング問題（OptShift）
- 起動停止問題
- ポーフォリオ最適化問題
- 重み付き制約充足問題（SCOP）
- 時間割作成問題
- n クイーン問題

目　　次

第1巻・第3巻略目次

第1巻

第3巻

13 マッチング問題

• マッチング問題とその変形に対するアルゴリズム

13.1 準備

```
import random
import networkx as nx
import matplotlib.pyplot as plt
import numpy as np
```

13.2 例題

あなたは幼稚園の先生だ．いま，あなたの 12 人の園児たちは 3 行，4 列にきちんと並んでいる．園児たちは自分の前後左右のいずれかの友達から 1 人を選び手をつなぐことができる．手をつなぐ人数を最大にするには，どのようにしたら良いのだろうか？

上の問題は無向グラフ上のマッチング問題になる．ここで**マッチング**（matching）とは，点の次数が 1 以下の部分グラフのことである．

上の問題のグラフは，3×4 の格子グラフであり，以下のようになる．

```
m, n = 3, 4
G = nx.grid_2d_graph(m, n)
pos = {(i, j): (i, j) for (i, j) in G.nodes()}
plt.figure()
nx.draw(G, pos=pos, node_size=100)
plt.show()
```

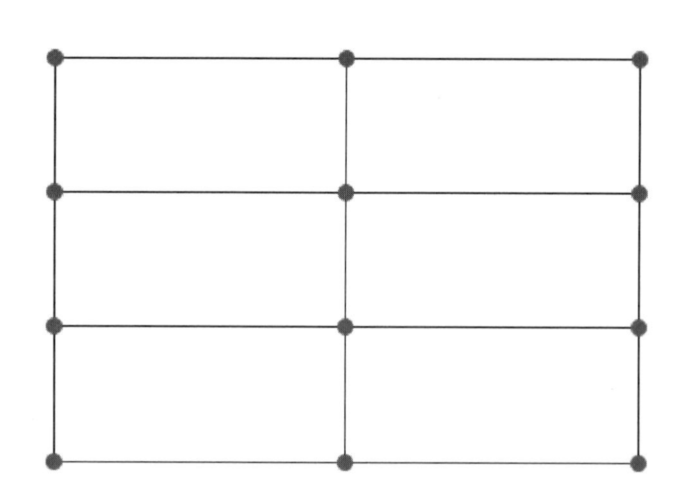

13.3 極大マッチング

いま，園児たちに順番に自分の好きな友達と手をつなぐように指示したとしよう．前後左右の友達から（すでに手をつないでいる園児は除外して）1 人を選んで手をつないでいくと，やがて前後左右の誰とも手をつなげない状態になる．このときの手のつなぎ方を**極大マッチング**（maximal matching）とよぶ．

```
edges = nx.maximal_matching(G)
nx.draw(G, pos=pos, width=5, node_size=10, edgelist=edges, edge_color="orange")
plt.show()
```

13.4 最大マッチング

本当に求めたいものは，手をつなぐ数を最大化するようなマッチングである．これを**最大マッチング**（maximum matching）とよぶ．極大マッチングは貪欲解法で簡単に求めることができるが，最大マッチングも多項式時間で求めることができる．枝に重み（手を繋いだときの利益）がついても，その合計を最大化してくれる．

極大マッチングでは10人の園児が手をつなぐ可能性もあるが，最大マッチングでは必ず全員（12人）が手をつなぐことに成功する．

```
edges = nx.max_weight_matching(G)
nx.draw(G, pos=pos, width=5, node_size=10, edgelist=edges, edge_color="orange")
plt.show()
```

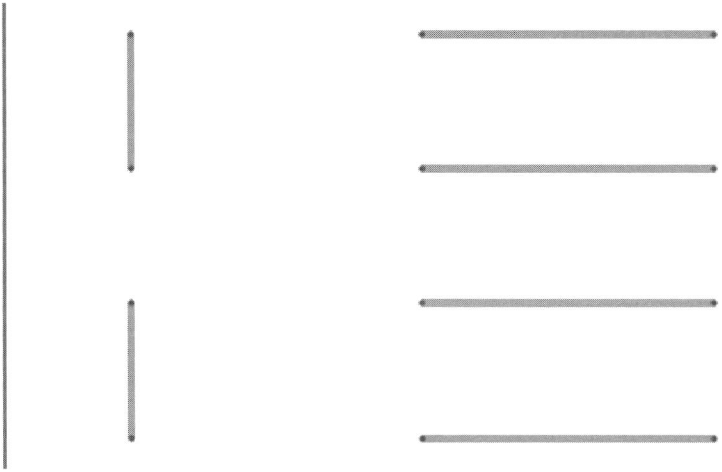

最小費用の完全マッチングも求めたい場合には，枝の重みを負に設定すれば良い．この場合には，引数のmaxcardinalityをTrueに設定して，枝の本数を最大にする必要がある．

```
lb, ub = 1, 20
for (i, j) in G.edges():
    G[i][j]["weight"] = -random.randint(lb, ub)
edges = nx.max_weight_matching(G, maxcardinality=True)
```

```
plt.figure()
nx.draw(G, pos=pos, node_size=100)
edge_labels = {}
for (i, j) in G.edges():
```

```
    edge_labels[i, j] = f"{ G[i][j]['weight'] }"
nx.draw_networkx_edge_labels(G, pos, edge_labels=edge_labels)
nx.draw(G, pos=pos, width=5, edgelist=edges, edge_color="orange")
plt.show()
```

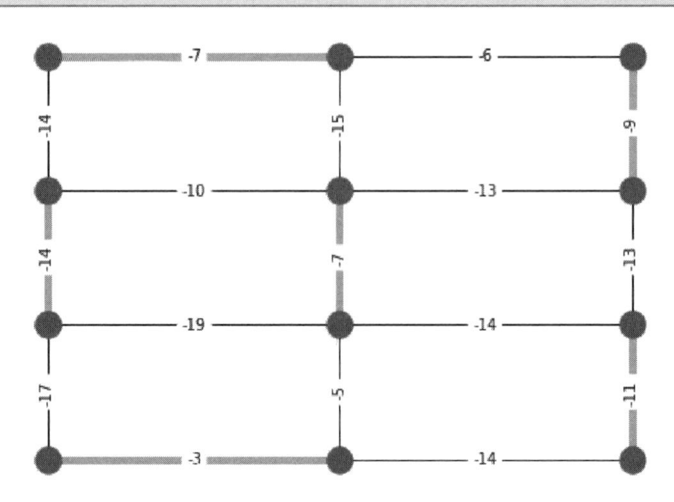

13.5 安定マッチング問題

最も基本的な安定マッチング問題は，**安定結婚問題**（stable marriage problem）とよばれ，以下のように定義される．

2 つの異なる集合 S, R が与えられており，2 つの集合で構成される 2 部グラフの完全マッチング M を求めたい．各集合（古典的には男女の集団と仮定されるが，ここでは suitor と reviewer とする）には，S と R の各要素 s, r は，別の集合の要素に対する選好（preference）を全順序 $<_s, <_r$ としてもっている．

以下の条件を満たすような組 (s, r) がないマッチング M を安定マッチングとよぶ．

- $(s,\ r)$ は M に含まれない．
- $(s, r') \in M$ となる r' に対して $r <_s r'$ となる（すなわち s さんは，マッチングされていない r さんの方が好きである）．
- $(s', r) \in M$ となる s' に対して $s <_r s'$ となる（すなわち r さんも，マッチングされていない s さんの方が好きである）．

具体的な例で説明しよう．

n 箇所の病院の集合 H と n 人の学生のマッチングを求めたい．各病院 h は学生の選好順 $student[h]$ をもち，各学生 s は病院の選好順 $hospital[s]$ をもつ．病院 h が割り当

てられている学生 s' より s を選好し，学生 s が割り当てられている病院 h' より h を選好しているとき，(h,s) を不安定ペア（unstable pair）とよぶ．病院と学生の完全マッチングで，不安定ペアが存在しないものを安定マッチング（stable matching）とよぶ．

1 つの（病院最適な）安定マッチングを算出する Gale-Shapley のアルゴリズム（以下の論文に基づく）を示す．

David Gale and Lloyd Shapley. College admissions and the stability of marriage. The American Mathematical Monthly, 69(1):9–15, 1962

1. 空の集合からなるマッチング M を準備する．
2. 学生が割り当てられていない病院 h がなくなるまで，以下を実行する．
   i）h の選好リストの先頭の学生 s を選択し，プロポーズする．
   ii）s が未割当なら，マッチング M に (h,s) を追加する．
   iii）s にすでに割り当てられている病院 h' より h を選好するなら，M から (h',s) を除き (h,s) を追加する．
   iv）そうでないなら，h は拒否される．

安定マッチング問題の解説と実装方法については，以下のビデオを参照されたい．

簡単な $O(n^2)$ 時間の実装を以下に示す．

```
student_pref = np.array([[0, 1, 2], [1, 0, 2], [0, 1, 2]])
hospital_pref = np.array([[1, 0, 2], [0, 1, 2], [0, 1, 2]])

top_student = [0, 0, 0]
n = len(student_pref)
hospital_rank = np.zeros((n, n), dtype=int)
for s in range(n):
    for i in range(n):
        hospital_rank[s, hospital_pref[s, i]] = i

hospital_list = list(range(n))
student = [-1 for i in range(n)]
hospital = [-1 for i in range(n)]

while hospital_list:
    print("Unassigned Hospital=", hospital_list)
    h = hospital_list.pop(0)
    print(h)
    s = student_pref[h, top_student[h]]
    top_student[h] += 1
    print(h, "proposes to", s)
```

```
    if hospital[s] == -1:  # 未割当
        student[h] = s
        hospital[s] = h
    elif hospital_rank[s, h] < hospital_rank[s, hospital[s]]:
        print("Student", s, " is assigned to Hospital", h)
        hospital_list.append(hospital[s])
        student[h] = s
        hospital[s] = h
    else:
        print(h, "is rejected")
        hospital_list.append(h)
print("Student=", student)
print("Hospital=", hospital)
```

```
Unassigned Hospital= [0, 1, 2]
0
0 proposes to 0
Unassigned Hospital= [1, 2]
1
1 proposes to 1
Unassigned Hospital= [2]
2
2 proposes to 0
2 is rejected
Unassigned Hospital= [2]
2
2 proposes to 1
2 is rejected
Unassigned Hospital= [2]
2
2 proposes to 2
Student= [0, 1, 2]
Hospital= [0, 1, 2]
```

なお，以下のパッケージで，安定マッチング問題を含む様々な問題を解くことができる．

https://matching.readthedocs.io/en/latest/index.html

13.6 安定ルームメイト問題

類似の問題として**安定ルームメイト問題**（stable roommates problem）がある．以下のように定義される．

集合 P（player）が与えられており，その要素数は偶数であると仮定する．P に対する完全マッチング M（部屋割を表す）を求めたい．P の各要素 p は，自分以外の人に対する選好を全順序 $<_p$ としてもっている．

以下の条件を満たすような組 (s, r) がないマッチング M を安定マッチングとよぶ.

- (s, r) は M に含まれない.
- $(s, r') \in M$ となる r' に対して $r <_s r'$ となる（すなわち s さんは，マッチングされていない r さんの方が好きである）.
- $(s', r) \in M$ となる s' に対して $s <_r s'$ となる（すなわち r さんも，マッチングされていない s さんの方が好きである）.

安定ルームメイト問題に対する安定マッチングも，安定マッチングで紹介したパッケージで解くことができる.

14 割当問題

- 割当問題とその変形

14.1 準備

```
import random
import subprocess
from gurobipy import Model, quicksum, GRB
# from mypulp import Model, quicksum, GRB
import networkx as nx
from scipy.optimize import linear_sum_assignment
import numpy as np
```

14.2 割当問題

割当問題（assignment problem）とは，集合 $V = \{1, \ldots, n\}$ および $n \times n$ 行列 $C = [c_{ij}]$ が与えられたとき，

$$\sum_{i \in V} c_{i,\pi(i)}$$

を最小にする順列 $\pi : V \to \{1, \ldots, n\}$ を求める問題である．

わかりやすさのために，仕事を資源に割り当てる問題として解釈しておこう．n 個の仕事があり，それを n 個の資源（作業員と考えても良い）に割り当てることを考える．作業と資源には相性があり，仕事 i を資源 j に割り当てた際の費用を c_{ij} とする．1 つの作業員は高々 1 つの仕事しか処理できず，1 つの仕事には必ず 1 つの資源を割り当てるとき，総費用を最小化する問題が割当問題である．

仕事 i を資源 j に割り当てるとき 1，それ以外のとき 0 となる 0-1 変数を使うと，割当問題は以下のように整数最適化問題として定式化できる．

$$
\begin{aligned}
minimize \quad & \sum_{i,j \in V} c_{ij} x_{ij} \\
s.t. \quad & \sum_{j \in V} x_{ij} = 1 \quad \forall i \in V \\
& \sum_{i \in V} x_{ij} = 1 \quad \forall j \in V \\
& x_{ij} \in \{0,1\} \quad \forall i, j \in V
\end{aligned}
$$

この問題は，変数を実数に緩和しても，最適解においては整数になることが知られている．これを**完全単模性**（total modularity）とよぶ．したがって，$x_{ij} \geq 0$ に緩和して，線形最適化ソルバーで求解すれば，最適解を得ることができる．また，問題を変形することによって，最小費用流問題に帰着できるので，networkX を用いても解くことができる．最小費用流問題の解法には，ネットワーク単体法と容量スケーリング法があるが，前者の方が高速である． また，networkX の実装は Python であるので，Gurobi などの商用の数理最適化ソルバーを用いた方が高速である．なお，この問題は極度に退化しているので，退化対策が十分になされていない単体法の実装では，時間がかかることがある．

SciPy に Hungary 法の実装があるので，これを使う方が高速である．

https://docs.scipy.org/doc/scipy-0.18.1/reference/generated/scipy.optimize.linear_sum_assignment.html

networkX の最小費用流を用いても解けるが，network_simplex は費用が浮動小数点数の場合には非常に遅くなるので，数値を整数に丸めてから実行する必要がある．capacity_scaling は，費用が浮動小数点数でも性能に差はないが，network_simplex より遅い．

```
n = 1000
cost = np.random.randint(100, 1000, size=(n, n))
```

```
#hide
# n = 3
# cost = np.random.randint(1, 10, size=(n, n))
# cost
```

```
%%time
row_ind, col_ind = linear_sum_assignment(cost)
print(cost[row_ind, col_ind].sum())
```

```
101037
CPU times: user 35.3 ms, sys: 5.34 ms, total: 40.6 ms
Wall time: 38.9 ms
```

```
G = nx.DiGraph()
n = len(cost)
for i in range(n):
    G.add_node(i, demand=-1)
    G.add_node(n + i, demand=1)
G.add_weighted_edges_from([(i, n + j, cost[i, j]) for i in range(n) for j in range(
    n)])
```

```
%%time
val, flow = nx.algorithms.flow.network_simplex(G)
print(val)
```

```
101037
CPU times: user 22.1 s, sys: 132 ms, total: 22.2 s
Wall time: 22.2 s
```

```
%%time
val, flowDict = nx.capacity_scaling(G)
print(val)
```

```
101037
CPU times: user 2min 15s, sys: 839 ms, total: 2min 16s
Wall time: 2min 16s
```

```
V = list(range(n))
model = Model("ap")
x = {}
for i in V:
    for j in V:
        x[i, j] = model.addVar(vtype="C", name=f"x[{i},{j}]")
model.update()

for j in V:
    model.addConstr(quicksum(x[i, j] for i in V) == 1)
for i in V:
    model.addConstr(quicksum(x[i, j] for j in V) == 1)

model.setObjective(quicksum(cost[i, j] * x[i, j] for i in V for j in V), GRB.
    MINIMIZE)
```

```
%%time
model.optimize()
print(model.ObjVal)
```

```
Gurobi Optimizer version 9.1.1 build v9.1.1rc0 (mac64)
Thread count: 8 physical cores, 16 logical processors, using up to 16 threads
```

```
Optimize a model with 2000 rows, 1000000 columns and 2000000 nonzeros
Model fingerprint: 0xdb1962b9
Coefficient statistics:
  Matrix range     [1e+00, 1e+00]
  Objective range  [1e+02, 1e+03]
  Bounds range     [0e+00, 0e+00]
  RHS range        [1e+00, 1e+00]

Concurrent LP optimizer: primal simplex, dual simplex, and barrier
Showing barrier log only...

Presolve time: 1.59s

Solved with dual simplex
Solved in 1043 iterations and 1.59 seconds
Optimal objective  1.010000000e+05
101000.0
CPU times: user 4.35 s, sys: 526 ms, total: 4.87 s
Wall time: 1.77 s
```

14.3 ボトルネック割当問題

ボトルネック割当問題（bottleneck assignment problem）とは，集合 $V = \{1, \cdots, n\}$ および $n \times n$ 行列 $C = [c_{ij}]$ が与えられたとき，

$$\max_{i \in V} c_{i\pi(i)}$$

を最小にする順列 $\pi : V \to \{1 \cdots, n\}$ を求める問題である．

仕事を資源に割り当てる例においては，行列 C を処理時間としたとき，最も遅く終了する時間を最小化することに相当する．仕事 i が資源 j に割り当てられるとき 1，それ以外のとき 0 となる 0-1 変数 x_{ij} を用いると，ボトルネック割当問題は以下のように定式化できる．

$$\begin{array}{lll} minimize & z & \\ s.t. & \sum_{i \in V} c_{ij} x_{ij} \leq z & \forall j \in V \\ & \sum_{i \in V} x_{ij} = 1 & \forall j \in V \\ & \sum_{j \in V} x_{ij} = 1 & \forall i \in V \\ & x_{ij} \in \{0, 1\} & \forall i, j \in V \end{array}$$

```
V = list(range(n))
model = Model("bap")
x = {}
```

```
for i in V:
    for j in V:
        x[i, j] = model.addVar(vtype="B", name=f"x[{i},{j}]")
z = model.addVar(vtype="C", name="z")
model.update()

for i in V:
    model.addConstr(quicksum(cost[i, j] * x[i, j] for j in V) <= z)

for j in V:
    model.addConstr(quicksum(x[i, j] for i in V) == 1)
for i in V:
    model.addConstr(quicksum(x[i, j] for j in V) == 1)

model.setObjective(z, GRB.MINIMIZE)
```

```
%%time
model.optimize()
print("obj=", z.X)
```

```
...（略）...

Explored 0 nodes (230415 simplex iterations) in 146.20 seconds
Thread count was 16 (of 16 available processors)

Solution count 1: 998

Solve interrupted
Best objective 9.980000000000e+02, best bound 1.070000000000e+02, gap 89.2786%
obj= 998.0
CPU times: user 2min 19s, sys: 1.16 s, total: 2min 20s
Wall time: 2min 26s
```

14.3.1　閾値を用いた解法

閾値 t より大きい費用を除いて，通常の割当問題として求解し，実行可能解が得られれば，費用の最大値が t の割当が得られたことになる．

ボトルネック割当問題の下界は，割当を表す制約のいずれか一方を緩和することによって得られる．それらのうちの大きいほうが下界になる．

また，通常の割当問題の解に含まれる最大割当費用が上界になる．閾値 t を下界から順に大きくしていき，実行可能な割当が得られたときの t が，最適値になる．

```
%%time
LB = max(cost.min(axis=1).max(), cost.min(axis=0).max() )
row_ind, col_ind = linear_sum_assignment(cost)
```

```
UB =cost[row_ind, col_ind].max()
for t in range(LB, UB):
    c = cost.flatten()
    c = np.where(c > t, np.inf, c)
    c.shape=(n,n)
    try:
        row_ind, col_ind = linear_sum_assignment(c)
        break
    except:
        continue
print(cost[row_ind, col_ind].max())
```

```
107
CPU times: user 35.8 ms, sys: 1.78 ms, total: 37.6 ms
Wall time: 36.2 ms
```

14.4 一般化割当問題

n 個の仕事があり，それを m 個の資源（作業員と考えても良い）に割り当てることを考える．作業と資源には相性があり，仕事 j を資源 i に割り当てた際の費用を c_{ij} とする．資源 i には使用可能量の上限（容量）b_i が定義されており，仕事 j を資源 i に割り当てるときには，資源 a_{ij} を使用するものとする．1 つの仕事には必ず 1 つの資源を割り当てるとき，資源に割り当てられた仕事の資源使用量の合計が資源の容量を超えないという条件のもとで，総費用を最小化する問題が**一般化割当問題**（generalized assignment problem）である．

仕事 j を資源 i に割り当てるとき 1，それ以外のとき 0 となる 0-1 変数 x_{ij} を用いると，一般化割当問題は以下のように定式化できる．

$$
\begin{array}{lll}
minimize & \displaystyle\sum_{i,j} c_{ij} x_{ij} & \\
s.t. & \displaystyle\sum_{j} a_{ij} x_{ij} \leq b_i & \forall i \\
 & \displaystyle\sum_{i} x_{ij} = 1 & \forall j \\
 & x_{ij} \in \{0,1\} & \forall i,j
\end{array}
$$

一般化割当問題は，ナップサック問題を含むので，NP-困難である．

以下のサイトからダウンロードできるベンチマーク問題例を用いる．

https://www-or.amp.i.kyoto-u.ac.jp/members/yagiura/gap/

以下に，データ読み込みのコードを示す．

```
folder = "../data/gap/"
```

```
f = open(folder + "a05100")
data = f.readlines()
f.close()
```

```
m, n = list(map(int, data[0].split()))
cost, a, b = {}, {}, {}
data_ = []
for row in data[1:]:
    data_.extend(list(map(int, row.split())))
count = 0
for i in range(m):
    for j in range(n):
        cost[i, j] = data_[count]
        count += 1
for i in range(m):
    for j in range(n):
        a[i, j] = data_[count]
        count += 1
for i in range(m):
    b[i] = data_[count]
    count += 1
```

14.4.1 メタヒューリスティクス

以下の論文に掲載されているメタヒューリスティクスを Python から呼び出して使用する.

- M. Yagiura, T. Ibaraki and F. Glover, An Ejection Chain Approach for the Generalized Assignment Problem, INFORMS Journal on Computing, 16 (2004) 133-151.

- M. Yagiura, T. Ibaraki and F. Glover, A Path Relinking Approach with Ejection Chains for the Generalized Assignment Problem, European Journal of Operational Research, 169 (2006) 548-569.

このコード自体はオープンソースではないが, 研究用なら筆者に連絡すれば利用可能である. 詳細は, 付録 1 の OptGAP を参照されたい.

```
def gapmeta(fn, timelimit):
    cmd = f"./ejchain timelim {timelimit} outbestsol 1 < {fn} > gap.out"
    try:
        o = subprocess.run(cmd, shell=True, check=True)
    except subprocess.CalledProcessError as e:
        print("ERROR:", e.stderr)
    f = open("gap.out")
    data = f.readlines()
    f.close()
    data[-3]
```

```
    row = data[-3].split()
    assignment = list(map(int, row[2:]))
    return assignment
```

```
file_name = "a05100"
timelimit = 1
sol = gapmeta(folder + file_name, timelimit)
print("solution=", sol)
```

```
solution= [4, 5, 4, 2, 4, 1, 4, 5, 4, 3, 5, 4, 1, 3, 5, 3, 1, 1, 4, 5, 1, 4, 1, 4, ↩
3, 2, 2, 3, 1, 3, 4, 3, 3, 2, 3, 2, 3, 5, 5, 5, 1, 3, 5, 5, 5, 2, 1, 4, 1, 2, 1, 4,↩
 4, 5, 3, 4, 4, 4, 3, 2, 4, 3, 4, 5, 2, 5, 3, 1, 2, 3, 3, 2, 1, 5, 2, 2, 5, 3, 1, ↩
4, 1, 4, 4, 2, 3, 5, 4, 2, 5, 3, 5, 3, 2, 2, 4, 1, 5, 2, 4, 3]
```

■ 14.4.2 数理最適化ソルバーによる求解

同じベンチマーク問題例を数理最適化ソルバーで求解する．

```
I = list(range(m))
J = list(range(n))
model = Model("gap")
x = {}
for i in I:
    for j in J:
        x[i, j] = model.addVar(vtype="B", name=f"x[{i},{j}]")
model.update()

for i in I:
    model.addConstr(quicksum(a[i, j] * x[i, j] for j in J) <= b[i])
for j in J:
    model.addConstr(quicksum(x[i, j] for i in I) == 1)

model.setObjective(quicksum(cost[i, j] * x[i, j] for i in I for j in J), GRB.↩
    MINIMIZE)

model.optimize()
```

```
... (略) ...

Explored 1 nodes (101 simplex iterations) in 0.03 seconds
Thread count was 16 (of 16 available processors)

Solution count 2: 1698 3035

Optimal solution found (tolerance 1.00e-04)
Best objective 1.698000000000e+03, best bound 1.698000000000e+03, gap 0.0000%
```

```
print(model.ObjVal)
```

```
1698.0
```

15 2次割当問題

• 2次割当問題に対するメタヒューリスティクス

15.1 準備

```
import random
from gurobipy import Model, quicksum, GRB
# from mypulp import Model, quicksum, GRB
import networkx as nx
import pandas as pd
from scipy.optimize import quadratic_assignment
import numpy as np

Infinity = 1.0e10000
LOG = False  # whether or not to print intermediate solutions
```

15.2 2次割当問題とは

2次割当問題（quadratic assignment problem）とは，集合 $V = \{1, \cdots, n\}$ および2つの $n \times n$ 行列 $F = [f_{ij}]$，$D = [d_{k\ell}]$ が与えられたとき，

$$\sum_{i \in V} \sum_{j \in V} f_{ij} d_{\pi(i)\pi(j)}$$

を最小にする順列 $\pi : V \to \{1, \ldots, n\}$ を求める問題である．

この問題は，施設の配置を決定する応用から生まれた．n 個の施設があり，それを n 箇所の地点に配置することを考える．施設 i, j 間には物の移動量 f_{ij} があり，地点 k, ℓ 間を移動するには距離 $d_{k\ell}$ がかかるものとする．問題の目的は，物の総移動距離を最小にするように，各地点に1つずつ施設を配置することである．順列 π は施設 i を地

点 $\pi(j)$ に配置することを表す.

2次割当問題には QAPLIB とよばれるベンチマーク問題集がある. 以下のサイトから入手できる.

http://anjos.mgi.polymtl.ca/qaplib/inst.html

```
folder = "../data/qap/"
df = pd.read_csv(folder + "qaplib.csv")
df
```

```
      file name  best value                                        best solution
0    chr12a.dat        9552                  7  5 12  2  1  3  9 11 10  6  8  4\n
1    chr12b.dat        9742                  5  7  1 10 11  3  4  2  9  6 12  8\n
2    chr12c.dat       11156                  7  5  1  3 10  4  8  6  9 11  2 12\n
3    chr15a.dat        9896       5 10  8 13 12 11 14  2  4  6  7 15  3  1  9\n
4    chr15b.dat        7990       4 13 15  1  9  2  5 12  6 14  7  3 10 11  8\n
..          ...         ...                                                  ...
85   tho150.dat     8133398            99 107  68  47 142 138   2 114 150  74\n
86    tho30.dat      149936  8 6 20 17 19 12 29 15 1 2 30 11 13 28 23 27 16 \n
87    tho40.dat      240516  40 2 19 23 24 7 34  3 39 14 20 15  1 10 11 17 ...
88   wil100.dat      273038      15  28 100  64  95  88  32  87  30  50   9...
89    wil50.dat       48816   1 48 40 31 15 33 47 19 9 27 14 5 32 44 3 24 3...

[90 rows x 3 columns]
```

15.3 定式化

施設 i が地点 k に配置されるとき 1, それ以外のとき 0 となる 0-1 変数 x_{ik} を用いると, 2次割当問題は以下のように定式化できる.

$$
\begin{array}{lll}
minimize & \displaystyle\sum_{i,j \in V} \sum_{k,\ell \in V} f_{ij} d_{k\ell} x_{ik} x_{j\ell} & \\
s.t. & \displaystyle\sum_{i \in V} x_{ik} = 1 & \forall k \in V \\
 & \displaystyle\sum_{k \in V} x_{ik} = 1 & \forall i \in V \\
 & x_{ik} \in \{0,1\} & \forall i,k \in V
\end{array}
$$

市販の数理最適化ソルバーは, 通常, 上のような (下に凸でない) 2次の関数を含んだ最小化問題には対応していなかったが, 最近では Gurobi がこれに対応した解法を取り入れた. 小規模で疎な行列の問題例なら, 比較的短時間で解ける場合もある.

整数線形最適化に帰着させるためには, 様々な方法が提案されているが, ここでは2つの定式化を紹介しよう.

はじめの定式化は, 施設 i を地点 k に配置したときの, 施設 i と他の施設の間の費用の合計を表す実数変数 w_{ik} を追加したものであり，$O(n^2)$ 個の変数を用いたコンパクトなものである．

施設 i を地点 k に配置したときの費用の上界となるパラメータ M_{ik} を導入する．

$$M_{ik} = \sum_{j,\ell \in V} f_{ij} d_{k\ell}$$

線形整数最適化による定式化は以下のように書ける．

$$\begin{array}{lll}
minimize & \displaystyle\sum_{i,k \in V} w_{ik} & \\
s.t. & \displaystyle\sum_{i \in V} x_{ik} = 1 & \forall k \in V \\
& \displaystyle\sum_{k \in V} x_{ik} = 1 & \forall i \in V \\
& M_{ik}(x_{ik} - 1) + \displaystyle\sum_{j,\ell \in V} f_{ij} d_{k\ell} x_{j\ell} \leq w_{ik} & \forall i,k \in V \\
& x_{ik} \in \{0,1\} & \forall i,k \in V \\
& w_{ik} \geq 0 & \forall i,k \in V
\end{array}$$

次の定式化は，施設 i が地点 k に配置され，かつ施設 j が地点 ℓ に配置されるとき 1，それ以外のとき 0 となる 4 添え字の 0-1 変数 $y_{ikj\ell}$ を用いたものである．変数の数は $O(n^4)$ 個と多いが，得られる下界は強くなる．線形整数最適化による定式化は以下のように書ける．

$$\begin{array}{lll}
minimize & \displaystyle\sum_{i,j \in V, i \neq j} \sum_{k,\ell \in V, k \neq \ell} f_{ij} d_{k\ell} y_{ikj\ell} & \\
s.t. & \displaystyle\sum_{i \in V} x_{ik} = 1 & \forall k \in V \\
& \displaystyle\sum_{k \in V} x_{ik} = 1 & \forall i \in V \\
& \displaystyle\sum_{i \in V, i \neq j} y_{ikj\ell} = x_{j\ell} & \forall k,j,\ell \in V, k \neq \ell \\
& \displaystyle\sum_{k \in V, k \neq \ell} y_{ikj\ell} = x_{j\ell} & \forall i,j,\ell \in V, i \neq j \\
& y_{ikj\ell} = y_{j\ell ik} & \forall i,j,k,\ell \in V, i \neq j, k \neq \ell \\
& x_{ik} \in \{0,1\} & \forall i,k \in V \\
& y_{ikj\ell} \in \{0,1\} & \forall i,k,j,\ell \in V, i \neq j, k \neq \ell
\end{array}$$

以下ではベンチマーク問題例を読み込み，$O(n^2)$ 個の変数を用いた定式化を用いて数理最適化ソルバーで求解する．ただし，この問題は難しいので，計算を途中で打ち切り，得られた最良解で評価する．

```
def read_qap(filename):
    """Read data for a QAP problem from file in QAPLIB format."""
    try:
```

```
        if len(filename) > 3 and filename[-3:] == ".gz":  # file compressed with gzip
            import gzip

            f = gzip.open(filename, "rb")
        else:  # usual, uncompressed file
            f = open(filename)
    except IOError:
        print("could not open file", filename)
        return None

    data = f.read()
    f.close()

    try:
        pass
        data = data.split()
        n = int(data.pop(0))
        f = {}  # for n times n flow matrix
        d = {}  # for n times n distance matrix
        for i in range(n):
            for j in range(n):
                f[i, j] = int(data.pop(0))
        for i in range(n):
            for j in range(n):
                d[i, j] = int(data.pop(0))
    except IndexError:
        print("inconsistent data on QAP file", filename)
        exit(-1)
    return n, f, d
```

```
n, f, d = read_qap(folder + "wil50.dat")

V = list(range(n))
model = Model("qap")
x = {}
for i in V:
    for j in V:
        x[i, j] = model.addVar(vtype="B", name=f"x[{i},{j}]")
model.update()

for j in V:
    model.addConstr(quicksum(x[i, j] for i in V) == 1)
for i in V:
    model.addConstr(quicksum(x[i, j] for j in V) == 1)

model.setObjective(
    quicksum(
        f[i, j] * d[k, ell] * x[i, k] * x[j, ell]
        for i in V
```

```
        for j in V
        for k in V
        for ell in V
    ),
    GRB.MINIMIZE,
)

model.optimize()
```

```
...（略）...

Cutting planes:
  MIR: 6
  StrongCG: 1
  RLT: 1

Explored 6745 nodes (362192 simplex iterations) in 324.03 seconds
Thread count was 16 (of 16 available processors)

Solution count 10: 50654 50662 50686 ... 51122

Solve interrupted
Best objective 5.065400000000e+04, best bound 0.000000000000e+00, gap 100.0000%
```

15.4 タブーサーチ

2次割当問題に対しては，解を表す順列の2つの要素を交換することによって自然な近傍が定義できる．これは，2つの施設の配置場所を交換することを表す．これを交換近傍とよぶ．

交換近傍と補助行列による目的関数値の差分の高速計算を用いて，タブーサーチを設計する．タブーサーチに対しては，何を禁断リストに入れるのかを決める必要がある．定式化では，施設 i を地点 k に配置するときに1になる変数 x_{ik} を用いていたことから，施設 i を地点 k から他の地点に移動したとき，再び地点 k に戻ることを一定の反復の間禁止することにする．

集中化と多様化を入れたタブーサーチで，数理最適化で解けなかった問題例を解いてみる．

```
def mk_rnd_data(n, scale=10):
    """Make data for a random problem of size 'n'."""
    f = {}  # for holding n x n flow matrix
    d = {}  # for holding n x n distance matrix
```

```
    for i in range(n):
        f[i, i] = 0
        d[i, i] = 0
    for i in range(n - 1):
        for j in range(i + 1, n):
            f[i, j] = int(random.random() * scale)
            f[j, i] = f[i, j]
            d[i, j] = int(random.random() * scale)
            d[j, i] = d[i, j]

    return n, f, d

def evaluate__(n, f, d, pi):
    """Evaluate solution 'pi' from scratch."""
    cost = 0
    for i in range(n - 1):
        for j in range(i + 1, n):
            cost += f[i, j] * d[pi[i], pi[j]]
    return cost * 2


def evaluate(n, f, d, pi):
    """Evaluate solution 'pi' and create additional cost information for incremental ↩
     evaluation."""
    delta = {}
    for i in range(n):
        for j in range(n):
            delta[i, j] = 0
            for k in range(n):
                delta[i, j] += f[i, k] * d[j, pi[k]]
    cost = 0
    for i in range(n):
        cost += delta[i, pi[i]]
    return cost, delta

def construct(n, f, d):
    """Random construction."""
    pi = list(range(n))
    random.shuffle(pi)
    return pi


def diversify(pi):
    """remove part of the solution, random re-construct it"""
    n = len(pi)
    missing = set(pi)

    start = int(random.random() * n)
    ind = list(range(n))
    random.shuffle(ind)
```

```
    for ii in range(start):
        i = ind[ii]
        missing.remove(pi[i])

    missing = list(missing)
    random.shuffle(missing)
    for ii in range(start, n):
        i = ind[ii]
        pi[i] = missing.pop()
    return pi


def find_move(n, f, d, pi, delta, tabu, iteration):
    """Find and return best non-tabu move."""
    minmove = Infinity
    istar, jstar = None, None
    for i in range(n - 1):
        for j in range(i + 1, n):
            if tabu[i, pi[j]] > iteration or tabu[j, pi[i]] > iteration:
                continue

            move = (
                delta[j, pi[i]]
                - delta[j, pi[j]]
                + delta[i, pi[j]]
                - delta[i, pi[i]]
                + 2 * f[i, j] * d[pi[i], pi[j]]
            )

            if move < minmove:
                minmove = move
                istar = i
                jstar = j
                # print "\t\t%d,%d\t%d:%f" % (i,j,mindelta,minmove)

    if istar != None:
        return istar, jstar, minmove * 2

    print("blocked, no non-tabu move")
    # clean tabu list
    for i in range(n):
        for j in range(n):
            tabu[i, j] = 0
    return find_move(n, f, d, pi, delta, tabu, iteration)


def tabu_search(n, f, d, max_iter, length, report=None):
    """Construct a random solution, and do 'max_iter' tabu search iterations on it."""
    tabulen = length
    tabu = {}
```

```
    for i in range(n):
        for j in range(n):
            tabu[i, j] = 0
    pi = construct(n, f, d)
    cost, delta = evaluate(n, f, d, pi)
    bestcost = cost

    if LOG:
        print("iteration", 0, "\tcost =", cost, ", best =", bestcost)  # , "\t", bestsol
    for it in range(max_iter):
        # search neighborhood
        istar, jstar, mindelta = find_move(n, f, d, pi, delta, tabu, it)

        # update cost info
        cost += mindelta
        for i in range(n):
            for j in range(n):
                delta[i, j] += (f[i, jstar] - f[i, istar]) * (
                    d[j, pi[istar]] - d[j, pi[jstar]]
                )

        # update tabu info
        tabu[istar, pi[istar]] = it + tabulen
        tabu[jstar, pi[jstar]] = it + tabulen

        # move
        pi[istar], pi[jstar] = pi[jstar], pi[istar]

        if cost < bestcost:
            bestcost = cost
            bestsol = list(pi)
            if report:
                report(bestcost, "it:%d" % it)
        if LOG:
            print(
                "iteration", it + 1, "\tcost =", cost, "/ best =", bestcost
            )  # , "\t", bestsol

    if report:
        report(bestcost, "it:%d" % it)

    # check if there was some error on cost evaluation:
    xcost, xdelta = evaluate(n, f, d, pi)
    assert xcost == cost

    return bestsol, bestcost
```

```
n, f, d = read_qap(folder + "wil50.dat")
print("starting tabu search")
```

```
tabulen = n
max_iterations = 10000
pi, cost = tabu_search(n, f, d, max_iterations, tabulen, report=None)

print("final solution: z =", cost)
print(pi)
```

```
starting tabu search
final solution: z = 48974
[19, 26, 7, 18, 35, 33, 32, 16, 47, 45, 6, 11, 10, 23, 42, 36, 3, 20, 41, 27, 17, ↩
8, 14, 22, 38, 48, 44, 4, 28, 13, 24, 49, 46, 31, 40, 2, 37, 15, 29, 0, 25, 12, 39,↩
 1, 30, 5, 43, 9, 34, 21]
```

15.5 SciPy の近似解法

SciPy にも 2 次割当問題の近似解法が含まれている．引数 method で解法を選ぶことができる．引数には "faq"（Fast Approximate QAP Algorithm）と"2opt"が使える．どちらも高速ではあるが，解はあまり良くない．

https://docs.scipy.org/doc/scipy/reference/generated/scipy.optimize.quadratic_assignment.html

```
n, f, d = read_qap(folder + "wil50.dat")
F = np.zeros((n, n))
for (i, j) in f:
    F[i, j] = f[i, j]
D = np.zeros((n, n))
for (i, j) in d:
    D[i, j] = d[i, j]
```

```
quadratic_assignment(A=F, B=D, method="faq")
```

```
 col_ind: array([45, 34, 27, 29, 41, 44,  4, 10, 16, 19, 21, 13, 20, 31, 43, 37,  3,
       30, 42, 32, 47,  9,  5, 15, 40, 22,  2, 36, 35, 18,  0, 28, 49, 39,
       23, 48, 38, 14,  7, 33, 25, 24, 12,  1,  8, 11, 46, 17,  6, 26])
     fun: 49220.0
     nit: 30
```

```
quadratic_assignment(A=F, B=D, method="2opt")
```

```
 col_ind: array([13, 27, 29, 41, 49, 14, 38, 33, 17,  6,  4, 20, 15, 10, 32, 36, 46,
       48,  7, 12, 47,  9,  5, 30,  2, 16, 35, 42, 22,  8,  0, 28, 31, 39,
       40, 23, 18,  1, 11, 26, 45, 21, 34, 43, 44,  3, 37, 24, 19, 25])
     fun: 49222.0
     nit: 58861
```

15.6 線形順序付け問題

2次割当問題の特殊形に**線形順序付け問題**（linear ordering problem）がある．

線形順序付け問題とは，集合 $V = \{1, \ldots, n\}$ および $n \times n$ 行列 $C = [c_{ij}]$ が与えられたとき，

$$\sum_{i<j} c_{\pi(i)\pi(j)}$$

を最小にする順列 $\pi : V \to \{1, \ldots, n\}$ を求める問題である．

15.6.1 定式化

$\pi(i) < \pi(j)$ のとき1になる0-1変数 x_{ij} を用いると，線形順序付け問題は以下のように定式化できる．

$$\begin{array}{lll} maximize & \displaystyle\sum_{i,j \in V, i \neq j} c_{ij} x_{ij} & \\ s.t. & x_{ij} + x_{ji} = 1 & \forall i, j \in V, i < j \\ & x_{ij} + x_{jk} + x_{ki} \leq 2 & \forall i < j, i < k, j \neq k \\ & x_{ij} \in \{0, 1\} & \forall i, j \in V, i \neq j \end{array}$$

線形順序付け問題のベンチマーク問題例は，以下から入手できる．

http://grafo.etsii.urjc.es/optsicom/lolib/

```
folder = "../data/lop/"
fn = "N-be75np"
f = open(folder + fn)
data = f.readlines()
f.close()
n = int(data[0])
print(n)
c = []
for row in data[1:]:
    c.append(list(map(int, row.split())))
cost = np.array(c)
cost
```

```
50
```

```
array([[13745,     0,     0, ...,  1596,     0,     0],
       [  167,    50,     0, ...,    23,     0,     0],
       [    0,  8855,     0, ...,     0,     0,     0],
       ...,
       [    0,     0,     0, ...,     0,     0,     0],
       [  206,    40,    12, ...,   716,     0,     0],
       [  331,    95,    30, ...,   274,     0,     0]])
```

```
# 解の読み込み
sol = "7 48 49 33 38 50 11 28 25 27 41 45 37 23 22 20 24 26 42 43 1 5 21 39 34 1↩
       9 15 18 16 17 14 32 8 9 10 35 36 30 46 29 31 13 12 3 44 2 40 4 6 47"
sol_list = list(map(int, sol.split()))
total = 0
for i in range(n - 1):
    for j in range(i + 1, n):
        total += cost[sol_list[i] - 1, sol_list[j] - 1]
total
```

```
571469
```

```
V = list(range(n))
model = Model("lop")
x = {}
for i in V:
    for j in V:
        if i != j:
            x[i, j] = model.addVar(vtype="B", name=f"x[{i},{j}]")
model.update()

for i in range(n - 1):
    for j in range(i + 1, n):
        model.addConstr(x[i, j] + x[j, i] == 1)
for i in range(n - 1):
    for j in range(i + 1, n):
        for k in range(i + 1, n):
            if j != k:
                model.addConstr(x[i, j] + x[j, k] + x[k, i] <= 2)

model.setObjective(
    quicksum(cost[i, j] * x[i, j] for i in V for j in V if i != j), GRB.MAXIMIZE
)

model.optimize()
```

```
...（略）...

Cutting planes:
  Gomory: 1
  Zero half: 8

Explored 1 nodes (711 simplex iterations) in 0.72 seconds
Thread count was 16 (of 16 available processors)

Solution count 4: 716992 716410 715257 410474
```

```
Optimal solution found (tolerance 1.00e-04)
Best objective 7.169920000000e+05, best bound 7.169940000000e+05, gap 0.0003%
```

```
print(model.ObjVal)
D = nx.DiGraph()
for (i, j) in x:
    if x[i, j].X > 0:
        D.add_edge(i, j)
perm = []
for i in nx.topological_sort(D):
    perm.append(i)
print(perm)
```

```
716992.0
[49, 48, 47, 46, 40, 18, 17, 24, 15, 26, 36, 23, 19, 22, 20, 32, 37, 16, 27, 29, ↩
25, 0, 9, 10, 12, 21, 14, 13, 31, 7, 11, 38, 35, 8, 2, 33, 34, 41, 30, 39, 42, 44, ↩
4, 5, 1, 45, 6, 28, 43, 3]
```

16 連続施設配置問題

- 連続施設配置問題とその変形

16.1 準備

```
import random
import math
from gurobipy import Model, quicksum, GRB
import networkx as nx
from scipy.optimize import minimize
from numpy import array
```

16.2 Weber 問題

平面上のどこにでも施設を配置できるタイプの立地問題は，**Weber 問題**（Weber problem）とよばれる．

各顧客 i は平面上に分布しているものとし，その座標を (x_i, y_i) とする．顧客は需要量 w_i をもち，目的関数は施設と顧客の間の距離に需要量を乗じたものの和とする．顧客と施設間の距離は直線距離とする．

顧客の集合 I に対して，単一の施設の配置地点 (X, Y) を決定する問題は，

$$f(X,Y) = \sum_{i \in I} w_i \sqrt{(X - x_i)^2 + (Y - y_i)^2}$$

を最小にする (X, Y) を求める問題になる．これは，不動点アルゴリズムを用いることによって容易に求解できるが，ここでは数理最適化ソルバーで解いてみよう．

顧客 i と施設の間の直線距離を表す変数 z_i を導入すると，Weber 問題は次のように定式化することができる．

$$
\begin{array}{lll}
minimize & \sum_{i \in I} w_i z_i & \\
s.t. & (x_i - X)^2 + (y_i - Y)^2 \leq z_i^2 & \forall i \in I
\end{array}
$$

上の問題の制約は，**2 次錐制約**（second-order cone constraint）とよばれ，モダンな数理最適化ソルバー（たとえば Gurobi）を使うと効率良く処理することができる．

```
def weber(I, x, y, w):
    """weber: model for solving the single source weber problem using soco.
    Parameters:
        - I: set of customers
        - x[i]: x position of customer i
        - y[i]: y position of customer i
        - w[i]: weight of customer i
    Returns a model, ready to be solved.
    """

    model = Model("weber")
    X, Y, z, xaux, yaux = {}, {}, {}, {}, {}
    X = model.addVar(lb=-GRB.INFINITY, vtype="C", name="X")
    Y = model.addVar(lb=-GRB.INFINITY, vtype="C", name="Y")
    for i in I:
        z[i] = model.addVar(vtype="C", name="z(%s)" % (i))
        xaux[i] = model.addVar(lb=-GRB.INFINITY, vtype="C", name="xaux(%s)" % (i))
        yaux[i] = model.addVar(lb=-GRB.INFINITY, vtype="C", name="yaux(%s)" % (i))
    model.update()

    for i in I:
        model.addConstr(
            xaux[i] * xaux[i] + yaux[i] * yaux[i] <= z[i] * z[i], "MinDist(%s)" % (i)
        )
        model.addConstr(xaux[i] == (x[i] - X), "xAux(%s)" % (i))
        model.addConstr(yaux[i] == (y[i] - Y), "yAux(%s)" % (i))

    model.setObjective(quicksum(w[i] * z[i] for i in I), GRB.MINIMIZE)

    model.update()
    model.__data = X, Y, z
    return model

def make_data(n, m):
    I = range(1, n + 1)
    J = range(1, m + 1)
    x, y, w = {}, {}, {}
    for i in I:
        x[i] = random.randint(0, 100)
        y[i] = random.randint(0, 100)
        w[i] = random.randint(1, 5)
    return I, J, x, y, w
```

```
random.seed(3)
n = 7
m = 1

I, J, x, y, w = make_data(n, m)

model = weber(I, x, y, w)
model.optimize()
X, Y, z = model.__data

G = nx.Graph()

G.add_nodes_from(I)
G.add_nodes_from(["D"])

position = {}
for i in I:
    position[i] = (x[i], y[i])
position["D"] = (round(X.X), round(Y.X))

nx.draw(G, pos=position, node_size=200, node_color="g", nodelist=I)
nx.draw(G, pos=position, node_size=400, node_color="red", nodelist=["D"], alpha=0.5)
```

```
...（略）...

Barrier solved model in 6 iterations and 0.02 seconds
Optimal objective 8.43987143e+02
```

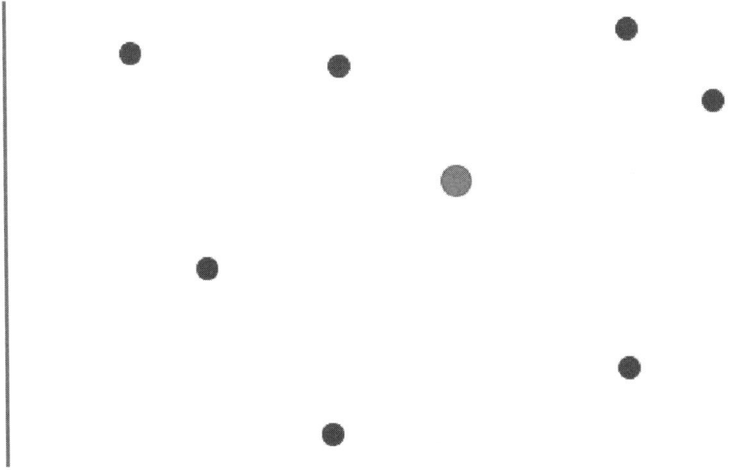

16.2.1　SciPy を用いて最適化

SciPy の最適化モジュール optimize の minimize(f,x0) を用いて非線形最適化を行うこともできる．ここで f は最小化する関数であり，x0 は初期点である．

引数 method で探索のためのアルゴリズムを設定することができる．以下のアルゴリズムが準備されている． ここでは 'SLSQP' を用いる．

- 'Nelder-Mead': Nelder–Mead 法（単体法）
- 'Powell': Powell の共役方向法
- 'CG': 共役勾配法（conjugate gradient）
- 'BFGS': Broyden–Fletcher–Goldfarb–Shanno（BFGS）法
- 'Newton-CG': Newton 共役勾配法
- 'L-BFGS-B': 記憶制限付き BFGS 法
- 'TNC': 打ち切り Newton 共約勾配法
- 'COBYLA': Constrained Optimization BY Linear Approximation
- 'SLSQP': Sequential Least SQuares Programming
- 'dogleg': ドッグレッグ信頼領域法
- 'trust-ncg': 信頼領域 Newton 共約勾配法

```
random.seed(3)
n = 7
m = 1
I, J, x, y, w = make_data(n, m)

X = array(1)

def f(X):
    total_cost = 0.0
    for i in I:
        total_cost += w[i] * math.sqrt(((x[i] - X[0]) ** 2 + (y[i] - X[1]) ** 2))
    return total_cost

res = minimize(f, (80, 10), method="SLSQP", constraints=())

print("Result=",res)
G = nx.Graph()

G.add_nodes_from(I)
G.add_nodes_from(
    "%s" % j for j in J
)

position = {}
for i in I:
    position[i] = (x[i], y[i])
```

```
for j in J:
    position["%s" % j] = (res.x[0], res.x[1])

nx.draw(G, position, node_color="g", nodelist=I, with_labels=False)
nx.draw(G, position, node_color="r", nodelist=["%s" % j for j in J], alpha=0.5)
```

```
Result=       fun: 843.9871426661498
     jac: array([2.28881836e-05, 1.52587891e-05])
 message: 'Optimization terminated successfully'
    nfev: 28
     nit: 9
    njev: 9
  status: 0
 success: True
       x: array([41.95347752, 58.63938272])
```

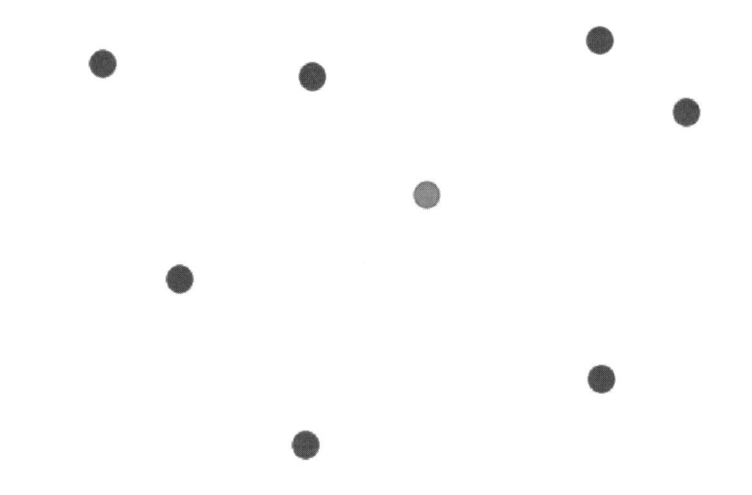

16.3 複数施設 Weber 問題

Weber 問題の拡張として，複数の施設を平面上に立地する場合を考える．

各顧客は，複数ある施設のうち，最も近い地点に割り振られるものとする．施設の集合 J を与えたとき，各施設 $j(\in J$ の配置地点 $(X_j, Y_j))$ を決定する問題は，

$$f(X,Y) = \sum_{i \in I} w_i \min_{j \in J} \sqrt{(X_j - x_i)^2 + (Y_j - y_i)^2}$$

を最小にする (X_j, Y_j) を求める問題になる．

この問題の変数は，施設の座標 $(X_j, Y_j)(j \in J)$ の他に，以下の変数を用いる．

- v_{ij}：顧客 i と施設 j の間の直線距離

- u_{ij}：顧客 i が施設 j に割り当てられるとき 1 になる 0-1 変数

これらの変数を用いると，複数施設 Weber 問題は次のように定式化することができる．

$$
\begin{aligned}
minimize \quad & \sum_{i \in I} w_i u_{ij} v_{ij} & \\
s.t. \quad & (x_i - X_j)^2 + (y_i - Y_j)^2 \leq v_{ij}^2 & \forall i \in I, j \in J \\
& \sum_{j \in J} u_{ij} = 1 & \forall i \in I \\
& u_{ij} \in \{0, 1\} & \forall i \in I, j \in J
\end{aligned}
$$

上の問題の目的関数は，非凸の 2 次関数であるが，モダンな数理最適化ソルバー（たとえば Gurobi）だと，自動的に変形して求解してくれる．

ただし，大規模問題例に対しては不向きである．実際には，Weber 問題を解くための反復解法 (Weiszfeld 法) を用いて，近似的に最適な施設を求める方法がある．それらを組み込んだ連続型施設最適化のためのシステムとして MELOS-GF（MEta Logistic network Optimization System Green Field: `https://www.logopt.com/melos/`）が開発されている．

```
def weber_MS(I, J, x, y, w):
    """weber -- model for solving the weber problem using soco (multiple source ↩
     version).
    Parameters:
        - I: set of customers
        - J: set of potential facilities
        - x[i]: x position of customer i
        - y[i]: y position of customer i
        - w[i]: weight of customer i
    Returns a model, ready to be solved.
    """
    M = max([((x[i] - x[j]) ** 2 + (y[i] - y[j]) ** 2) for i in I for j in I])
    model = Model("weber - multiple source")
    X, Y, v, u = {}, {}, {}, {}
    xaux, yaux, uaux = {}, {}, {}
    for j in J:
        X[j] = model.addVar(lb=-GRB.INFINITY, vtype="C", name="X(%s)" % j)
        Y[j] = model.addVar(lb=-GRB.INFINITY, vtype="C", name="Y(%s)" % j)
        for i in I:
            v[i, j] = model.addVar(vtype="C", name="v(%s,%s)" % (i, j))
            u[i, j] = model.addVar(vtype="B", name="u(%s,%s)" % (i, j))
            xaux[i, j] = model.addVar(
                lb=-GRB.INFINITY, vtype="C", name="xaux(%s,%s)" % (i, j)
            )
            yaux[i, j] = model.addVar(
                lb=-GRB.INFINITY, vtype="C", name="yaux(%s,%s)" % (i, j)
            )
```

```
    model.update()

    for i in I:
        model.addConstr(quicksum(u[i, j] for j in J) == 1, "Assign(%s)" % i)
        for j in J:
            model.addConstr(
                xaux[i, j] * xaux[i, j] + yaux[i, j] * yaux[i, j] <= v[i, j] * v[i, j],
                "MinDist(%s,%s)" % (i, j),
            )
            model.addConstr(xaux[i, j] == (x[i] - X[j]), "xAux(%s,%s)" % (i, j))
            model.addConstr(yaux[i, j] == (y[i] - Y[j]), "yAux(%s,%s)" % (i, j))

    model.setObjective(
        quicksum(w[i] * v[i, j] * u[i, j] for i in I for j in J), GRB.MINIMIZE
    )

    model.update()
    model.__data = X, Y, v, u
    return model
```

```
random.seed(3)
n = 15
m = 3

I, J, x, y, w = make_data(n, m)

model = weber_MS(I, J, x, y, w)
model.optimize()
X, Y, v, u = model.__data

G = nx.Graph()

G.add_nodes_from(I)
J_list = []
for j in J:
    G.add_node(f"D{j}")
    J_list.append(f"D{j}")

for i in I:
    for j, n in enumerate(J_list):
        if u[i, j + 1].X > 0.001:
            G.add_edge(i, n)

position = {}
for i in I:
    position[i] = (x[i], y[i])
for j, n in enumerate(J_list):
    position[n] = (X[j + 1].X, Y[j + 1].X)
```

```
nx.draw(G, pos=position, node_size=200, with_labels=True, node_color="y", nodelist=I)
nx.draw(
    G,
    pos=position,
    node_size=400,
    with_labels=True,
    node_color="red",
    nodelist=J_list,
    alpha=0.5,
)
```

```
... (略) ...

Explored 156195 nodes (2871349 simplex iterations) in 7.74 seconds
Thread count was 16 (of 16 available processors)

Solution count 10: 827.813 827.813 839.084 ... 972.124

Optimal solution found (tolerance 1.00e-04)
Warning: max constraint violation (8.3599e-05) exceeds tolerance
Best objective 8.278132877248e+02, best bound 8.278132786678e+02, gap 0.0000%
```

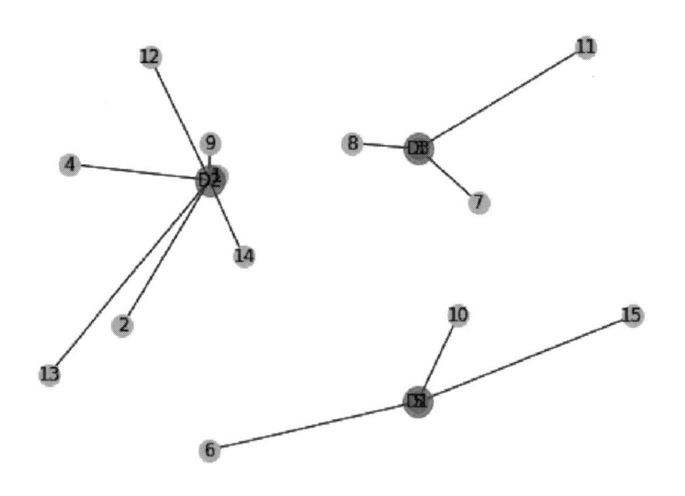

17 k-メディアン問題

- k-メディアン問題に対する定式化

17.1 準備

```
import random
import math
from gurobipy import Model, quicksum, GRB, multidict
# from mypulp import Model, quicksum, GRB, multidict
import networkx as nx
import matplotlib.pyplot as plt
```

17.2 メディアン問題

メディアン問題は，顧客から最も近い施設への距離の「合計」を最小にするようにグラフ内の点上または空間内の任意の点から施設を選択する施設配置問題の総称である．

メディアン問題においては，選択される施設の数があらかじめ決められていることが多く，その場合には選択する施設数 k を頭につけて **k-メディアン問題** (k-median problem) とよばれる．施設数を表す記号としては基本的にはどんな文字でも良いが，慣用では p または k を用いることが多いようである．以下では k を用いることにする．

顧客 i から施設 j への距離を c_{ij} とし，以下の変数を導入する．

$$
x_{ij} = \begin{cases} 1 & \text{顧客 } i \text{ の需要が施設 } j \text{ によって満たされるとき} \\ 0 & \text{それ以外のとき} \end{cases}
$$

$$
y_j = \begin{cases} 1 & \text{施設 } j \text{ を開設するとき} \\ 0 & \text{それ以外のとき} \end{cases}
$$

顧客数を n とし，顧客の集合を I，施設の配置可能な点の集合を J とする．通常の k-メディアン問題では，施設の候補地点は顧客上と仮定するため，$I = J = \{1, 2, \ldots, n\}$ となる．

上の記号および変数を用いると，k-メディアン問題は以下の整数最適化問題として定式化できる．

$$
\begin{array}{lll}
minimize & \sum_{i \in I} \sum_{j \in J} c_{ij} x_{ij} & \\
s.t. & \sum_{j \in J} x_{ij} = 1 & \forall i \in I \\
 & \sum_{j \in J} y_j = k & \\
 & x_{ij} \leq y_j & \forall i \in I, j \in J \\
 & x_{ij} \in \{0, 1\} & \forall i \in I, j \in J \\
 & y_j \in \{0, 1\} & \forall j \in J
\end{array}
$$

```
def kmedian(I, J, c, k):
    """kmedian -- minimize total cost of servicing
    customers from k facilities
    Parameters:
        - I: set of customers
        - J: set of potential facilities
        - c[i,j]: cost of servicing customer i from facility j
        - k: number of facilities to be used
    Returns a model, ready to be solved.
    """

    model = Model("k-median")
    x, y = {}, {}
    for j in J:
        y[j] = model.addVar(vtype="B", name="y(%s)" % j)
        for i in I:
            x[i, j] = model.addVar(vtype="B", name="x(%s,%s)" % (i, j))
    model.update()

    for i in I:
        model.addConstr(quicksum(x[i, j] for j in J) == 1, "Assign(%s)" % i)
        for j in J:
            model.addConstr(x[i, j] <= y[j], "Strong(%s,%s)" % (i, j))
    model.addConstr(quicksum(y[j] for j in J) == k, "Facilities")

    model.setObjective(quicksum(c[i, j] * x[i, j] for i in I for j in J), GRB.↩
     MINIMIZE)

    model.update()
    model.__data = x, y
    return model
```

```
def distance(x1, y1, x2, y2):
    return math.sqrt((x2 - x1) ** 2 + (y2 - y1) ** 2)

def make_data(n, m, same=True):
    """
    施設と顧客が同じ場合にはsameにTrueを，異なる場合にはFalseを入れる.
    """
    if same == True:
        I = range(n)
        J = range(m)
        x = [random.random() for i in range(max(m, n))]
        y = [random.random() for i in range(max(m, n))]
    else:
        I = range(n)
        J = range(n, n + m)
        x = [random.random() for i in range(n + m)]
        y = [random.random() for i in range(n + m)]
    c = {}
    for i in I:
        for j in J:
            c[i, j] = distance(x[i], y[i], x[j], y[j])

    return I, J, c, x, y
```

```
random.seed(67)
n = 300
m = n
I, J, c, x_pos, y_pos = make_data(n, m, same=True)
k = 30
model = kmedian(I, J, c, k)
# model.Params.Threads = 1
model.Params.LogFile = "gurobi.log"
model.optimize()
EPS = 1.0e-6
x, y = model.__data
edges = [(i, j) for (i, j) in x if x[i, j].X > EPS]
facilities = [j for j in y if y[j].X > EPS]
print("Optimal value=", model.ObjVal)
print("Selected facilities:", facilities)
```

```
... (略) ...

Explored 1 nodes (4061 simplex iterations) in 2.89 seconds (2.36 work units)
Thread count was 16 (of 16 available processors)

Solution count 2: 17.7045 26.367
```

```
Optimal solution found (tolerance 1.00e-04)
Best objective 1.770453589243e+01, best bound 1.770453589243e+01, gap 0.0000%
Optimal value= 17.704535892425152
Selected facilities: [6, 8, 14, 44, 48, 93, 101, 103, 110, 115, 116, 117, 122, 124,↩
 139, 151, 160, 162, 170, 199, 200, 207, 210, 213, 221, 238, 241, 248, 274, 295]
```

```
position = {}
for i in range(len(x_pos)):
    position[i] = (x_pos[i], y_pos[i])

G = nx.Graph()
facilities = set(facilities)
unused = set(j for j in J if j not in facilities)
client = set(i for i in I if i not in facilities and i not in unused)
G.add_nodes_from(facilities)
G.add_nodes_from(unused)
for (i, j) in edges:
    if i!=j:
        G.add_edge(i, j)

nx.draw(G, position, with_labels=False, node_color="r", nodelist=facilities,
        node_size=80)
nx.draw(G, position, with_labels=False, node_color="c", nodelist=unused,
        node_size=30)
```

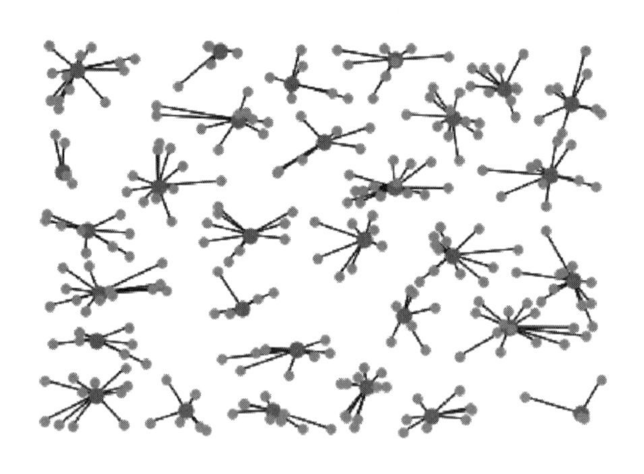

17.3 容量制約付き施設配置問題

容量制約付き施設配置問題（capacitated facility location problem）は，以下のように定義される問題である．

顧客数を n，施設数を m とし，顧客を $i = 1, 2, \ldots, n$，施設を $j = 1, 2, \ldots, m$ と番号で表すものとする．また，顧客の集合を $I = \{1, 2, \ldots, n\}$，施設の集合を $J = \{1, 2, \ldots, m\}$ と記す．

顧客 i の需要量を d_i，顧客 i と施設 j 間に 1 単位の需要が移動するときにかかる輸送費用を c_{ij}，施設 j を開設するときにかかる固定費用を f_j，容量を M_j とする．

以下に定義される連続変数 x_{ij} および 0-1 整数変数 y_j を用いる．

$$x_{ij} = \text{顧客 } i \text{ の需要が施設 } j \text{ によって満たされる量}$$

$$y_j = \begin{cases} 1 & \text{施設 } j \text{ を開設するとき} \\ 0 & \text{それ以外のとき} \end{cases}$$

上の記号および変数を用いると，容量制約付き施設配置問題は以下の混合整数最適化問題として定式化できる．

$$\begin{array}{lll} minimize & \sum_{j \in J} f_j y_j + \sum_{i \in I} \sum_{j \in J} c_{ij} x_{ij} & \\ s.t. & \sum_{j \in J} x_{ij} = d_i & \forall i \in I \\ & \sum_{i \in I} x_{ij} \leq M_j y_j & \forall j \in J \\ & x_{ij} \leq d_i y_j & \forall i \in I; j \in J \\ & x_{ij} \geq 0 & \forall i \in I; j \in J \\ & y_j \in \{0, 1\} & \forall j \in J \end{array}$$

```
def flp(I, J, d, M, f, c):
    """flp -- model for the capacitated facility location problem
    Parameters:
        - I: set of customers
        - J: set of facilities
        - d[i]: demand for customer i
        - M[j]: capacity of facility j
        - f[j]: fixed cost for using a facility in point j
        - c[i,j]: unit cost of servicing demand point i from facility j
    Returns a model, ready to be solved.
    """

    model = Model("flp")
    x, y = {}, {}
    for j in J:
        y[j] = model.addVar(vtype="B", name="y(%s)" % j)
        for i in I:
            x[i, j] = model.addVar(vtype="C", name="x(%s,%s)" % (i, j))
    model.update()

    for i in I:
```

```
        model.addConstr(quicksum(x[i, j] for j in J) == d[i], "Demand(%s)" % i)

    for j in M:
        model.addConstr(quicksum(x[i, j] for i in I) <= M[j] * y[j], "Capacity(%s)" % j)

    for (i, j) in x:
        model.addConstr(x[i, j] <= d[i] * y[j], "Strong(%s,%s)" % (i, j))

    model.setObjective(
        quicksum(f[j] * y[j] for j in J)
        + quicksum(c[i, j] * x[i, j] for i in I for j in J),
        GRB.MINIMIZE,
    )

    model.update()
    model.__data = x, y
    return model


def make_data():
    I, d = multidict({1: 80, 2: 270, 3: 250, 4: 160, 5: 180})  # demand
    J, M, f = multidict(
        {1: [500, 1000], 2: [500, 1000], 3: [500, 1000]}
    )  # capacity, fixed costs
    c = {
        (1, 1): 4,
        (1, 2): 6,
        (1, 3): 9,  # transportation costs
        (2, 1): 5,
        (2, 2): 4,
        (2, 3): 7,
        (3, 1): 6,
        (3, 2): 3,
        (3, 3): 4,
        (4, 1): 8,
        (4, 2): 5,
        (4, 3): 3,
        (5, 1): 10,
        (5, 2): 8,
        (5, 3): 4,
    }
    return I, J, d, M, f, c
```

```
I, J, d, M, f, c = make_data()
model = flp(I, J, d, M, f, c)
model.optimize()

EPS = 1.0e-6
x, y = model.__data
```

```
edges = [(i, j) for (i, j) in x if x[i, j].X > EPS]
facilities = [j for j in y if y[j].X > EPS]
print("Optimal value=", model.ObjVal)
print("Facilities at nodes:", facilities)
print("Edges:", edges)
```

```
... (略) ...

Explored 0 nodes (10 simplex iterations) in 0.01 seconds
Thread count was 16 (of 16 available processors)

Solution count 1: 5610

Optimal solution found (tolerance 1.00e-04)
Best objective 5.610000000000e+03, best bound 5.610000000000e+03, gap 0.0000%
Optimal value= 5610.0
Facilities at nodes: [2, 3]
Edges: [(1, 2), (2, 2), (3, 2), (3, 3), (4, 3), (5, 3)]
```

17.4 非線形施設配置問題

容量制約付き施設配置問題において倉庫における費用が出荷量の合計の凹費用関数になっている場合を考える．

ここでは施設 j に対する固定費用 f_j のかわりに，施設 j から輸送される量の合計 X_j に対して以下の凹費用関数がかかるものと仮定する．

$$f_j \sqrt{X_j}$$

他の記号は，容量制約付き施設配置問題と同じである．

上の記号および変数を用いると，凹費用関数をもつ施設配置問題は以下の混合整数最適化問題として定式化できる．

$$
\begin{array}{lll}
minimize & \displaystyle\sum_{j \in J} f_j \sqrt{\sum_{j \in J} x_{ij}} + \sum_{i \in I} \sum_{j \in J} c_{ij} x_{ij} & \\
s.t. & \displaystyle\sum_{j \in J} x_{ij} = d_i & \forall i \in I \\
 & \displaystyle\sum_{i \in I} x_{ij} \leq M_j y_j & \forall j \in J \\
 & x_{ij} \geq 0 & \forall i \in I, j \in J
\end{array}
$$

まず，凸関数を最小化する問題を線形最適化問題に（近似的に）帰着する方法を考えよう．凸関数を線形関数の繋げたものとして近似する．このように一部をみれば線形関数であるが，繋ぎ目では折れ曲がった関数を**区分的線形関数**（piecewise linear function）とよぶ．

最初に，1 変数の凸関数 $f(x)$ を区分的線形関数で近似する方法を考える．

変数 x の範囲を $L \leq x \leq U$ とし，範囲 $[L, U]$ を K 個の区分 $[a_k, a_{k+1}] (k = 0, 1, \ldots, K-1)$ に分割する．ここで，a_k は，

$$L = a_0 < a_1 < \cdots < a_{K-1} < a_K = U$$

を満たす点列である．各点 a_k における関数 f の値を b_k とする．

$$b_k = f(a_k) \quad k = 0, 1, \ldots, K$$

各区分 $[a_k, a_{k+1}]$ に対して，点 (a_k, b_k) と点 (a_{k+1}, b_{k+1}) を通る線分を引くことによって区分的線形関数を構成する．

線分は端点の凸結合で表現できる．k 番目の点 a_k に対する変数を z_k とする．いま，$f(x)$ は凸関数であるので，隣り合う 2 つの添え字 $k, k+1$ に対してだけ z_k が正となるので，

$$f(x) \approx \sum_{k=0}^{K} b_k z_k$$

$$x = \sum_{k=0}^{K} a_k z_k$$

$$\sum_{k=0}^{K} z_k = 1$$

$$z_k \geq 0 \quad \forall k = 0, 1, \ldots, K$$

が区分的線形近似を与える．

ここで考える平方根関数は凹関数なので，タイプ 2 の**特殊順序集合**（Special Ordered Set: SOS）とよばれる制約を付加するものである．タイプ 2 の特殊順序集合は，順序が付けられた集合（順序集合）に含まれる変数のうち，（与えられた順序のもとで）連続するたかだか 2 つが 0 でない値をとることを規定する．

```
def convex_comb_sos(model, a, b):
    """convex_comb_sos -- add piecewise relation with gurobi's SOS constraints
    Parameters:
        - model: a model where to include the piecewise linear relation
        - a[k]: x-coordinate of the k-th point in the piecewise linear relation
        - b[k]: y-coordinate of the k-th point in the piecewise linear relation
    Returns the model with the piecewise linear relation on added variables x, f, ↩
     and z.
    """
```

```
    K = len(a) - 1
    z = {}
    for k in range(K + 1):
        z[k] = model.addVar(
            lb=0, ub=1, vtype="C"
        )  # do not name variables for avoiding clash
    x = model.addVar(lb=a[0], ub=a[K], vtype="C")
    f = model.addVar(lb=-GRB.INFINITY, vtype="C")
    model.update()

    model.addConstr(x == quicksum(a[k] * z[k] for k in range(K + 1)))
    model.addConstr(f == quicksum(b[k] * z[k] for k in range(K + 1)))

    model.addConstr(quicksum(z[k] for k in range(K + 1)) == 1)
    model.addSOS(GRB.SOS_TYPE2, [z[k] for k in range(K + 1)])

    return x, f, z
```

```
def flp_nonlinear_sos(I, J, d, M, f, c, K):
    """flp_nonlinear_sos --  use model with SOS constraints
    Parameters:
        - I: set of customers
        - J: set of facilities
        - d[i]: demand for customer i
        - M[j]: capacity of facility j
        - f[j]: fixed cost for using a facility in point j
        - c[i,j]: unit cost of servicing demand point i from facility j
        - K: number of linear pieces for approximation of non-linear cost function
    Returns a model, ready to be solved.
    """
    a, b = {}, {}
    for j in J:
        U = M[j]
        L = 0
        width = U / float(K)
        a[j] = [k * width for k in range(K + 1)]
        b[j] = [f[j] * math.sqrt(value) for value in a[j]]

    model = Model("nonlinear flp -- use model with SOS constraints")
    x = {}
    for j in J:
        for i in I:
            x[i, j] = model.addVar(
                vtype="C", name=f"x(i,j)"
            )  # i's demand satisfied from j
    model.update()

    # total volume transported from plant j, corresponding (linearized) cost, ↩
      selection variable:
```

```
    X, F, z = {}, {}, {}
    for j in J:
        # add constraints for linking piecewise linear part:
        X[j], F[j], z[j] = convex_comb_sos(model, a[j], b[j])
        X[j].ub = M[j]

    # constraints for customer's demand satisfaction
    for i in I:
        model.addConstr(quicksum(x[i, j] for j in J) == d[i], f"Demand(i)")

    for j in J:
        model.addConstr(quicksum(x[i, j] for i in I) == X[j], f"Capacity(j)")

    model.setObjective(
        quicksum(F[j] for j in J) + quicksum(c[i, j] * x[i, j] for j in J for i in I),
        GRB.MINIMIZE,
    )

    model.update()
    model.__data = x, X, F
    return model


def distance(x1, y1, x2, y2):
    return math.sqrt((x2 - x1) ** 2 + (y2 - y1) ** 2)


def make_data(n, m, same=True):
    x, y = {}, {}
    if same == True:
        I = range(1, n + 1)
        J = range(1, m + 1)
        for i in range(1, 1 + max(m, n)):  # positions of the points in the plane
            x[i] = random.random()
            y[i] = random.random()
    else:
        I = range(1, n + 1)
        J = range(n + 1, n + m + 1)
        for i in I:  # positions of the points in the plane
            x[i] = random.random()
            y[i] = random.random()
        for j in J:  # positions of the points in the plane
            x[j] = random.random()
            y[j] = random.random()

    f, c, d, M = {}, {}, {}, {}
    total_demand = 0.0
    for i in I:
        for j in J:
            c[i, j] = int(100 * distance(x[i], y[i], x[j], y[j])) + 1
```

```
        d[i] = random.randint(1, 10)
        total_demand += d[i]

    total_cap = 0.0
    r = {}
    for j in J:
        r[j] = random.randint(0, m)
        f[j] = random.randint(100, 100 + r[j] * m)
        M[j] = 1 + 100 + r[j] * m - f[j]
        # M[j] = int(total_demand/m) + random.randint(1,m)
        total_cap += M[j]
    for j in J:
        M[j] = int(M[j] * total_demand / total_cap + 1) + random.randint(0, r[j])
        # print "%s\t%s\t%s" % (j,f[j],M[j])

    # print "demand:",total_demand
    # print "capacity:",sum([M[j] for j in J])

    return I, J, d, M, f, c, x, y


def example():
    I, d = multidict({1: 80, 2: 270, 3: 250, 4: 160, 5: 180})  # demand
    J, M, f = multidict(
        {10: [500, 100], 11: [500, 100], 12: [500, 100]}
    )  # capacity, fixed costs
    c = {
        (1, 10): 4,
        (1, 11): 6,
        (1, 12): 9,  # transportation costs
        (2, 10): 5,
        (2, 11): 4,
        (2, 12): 7,
        (3, 10): 6,
        (3, 11): 3,
        (3, 12): 4,
        (4, 10): 8,
        (4, 11): 5,
        (4, 12): 3,
        (5, 10): 10,
        (5, 11): 8,
        (5, 12): 4,
    }
    x_pos = {
        1: 0,
        2: 0,
        3: 0,
        4: 0,
        5: 0,
        10: 2,
```

```
        11: 2,
        12: 2,
    }  # positions of the points in the plane
    y_pos = {1: 2, 2: 1, 3: 0, 4: -1, 5: -2, 10: 1, 11: 0, 12: -1}
    return I, J, d, M, f, c, x_pos, y_pos
```

```
I, J, d, M, f, c, x_pos, y_pos = example()
K = 4
model = flp_nonlinear_sos(I, J, d, M, f, c, K)
x, X, F = model.__data
model.Params.OutputFlag = 1  # silent/verbose mode
model.optimize()

edges = []
flow = {}
for (i, j) in sorted(x):
    if x[i, j].X > EPS:
        edges.append((i, j))
        flow[(i, j)] = x[i, j].X

print("obj:", model.ObjVal, "\nedges", sorted(edges))
print("flows:", flow)
```

```
Parameter OutputFlag unchanged
   Value: 1  Min: 0  Max: 1  Default: 1

... (略) ...

Cutting planes:
  Gomory: 1
  Cover: 1
  MIR: 3
  Flow cover: 5
  RLT: 1
  Relax-and-lift: 1

Explored 1 nodes (15 simplex iterations) in 0.02 seconds
Thread count was 16 (of 16 available processors)

Solution count 1: 7938.34

Optimal solution found (tolerance 1.00e-04)
Best objective 7.938339328889e+03, best bound 7.938339328889e+03, gap 0.0000%
obj: 7938.33932888946
edges [(1, 11), (2, 11), (3, 11), (3, 12), (4, 12), (5, 12)]
flows: {(1, 11): 80.0, (2, 11): 270.0, (3, 11): 150.0, (3, 12): 100.0, (4, 12): ↩
160.0, (5, 12): 180.0}
```

17.5 ハブ立地問題

ここでは，**p-ハブ・メディアン問題** (p-hub median problem) に対する定式化を示す．

地点間には輸送量と距離（費用）が与えられており，各地点は，単一のハブに割り当てる必要があり，ハブ間は直送を行うものと仮定する．目的は，総輸送費用の最小化である．

最初に記号を導入しておく．

- n: 点数
- t_{ij}: 地点 i, j 間の輸送量
- d_{ij}: 地点 i, j 間の距離
- p: 選択するハブの数

輸送費用は，距離に以下のパラメータを乗じて計算する．

- χ: 地点からハブへの輸送
- α: ハブ間の輸送
- δ: ハブから地点への輸送

ベンチマーク問題例は，以下のサイトから入手できる．

http://people.brunel.ac.uk/~mastjjb/jeb/orlib/phubinfo.html

http://grafo.etsii.urjc.es/optsicom/uraphmp/

以下のデータ読み込みのコードでは，上のベンチマーク問題例が "../data/p-hub/" ディレクトリに保管されている場合を想定している．データの保管場所は適宜変更されたい．

```
folder = "../data/p-hub/"
f = open(folder + "AP40.txt")
data = f.readlines()
f.close()
n = int(data[0].split()[0])
t, d = {}, {}
data_ = []
for row in data[2:]:
    data_.extend(list(map(float, row.split())))
count = 0
for i in range(n):
    for j in range(n):
        t[i, j] = data_[count]
        count += 1
for i in range(n):
    for j in range(n):
        d[i, j] = data_[count]
```

```
        count += 1
# 座標の読み込み
folder = "../data/p-hub/"
f = open(folder + "phub1.txt")
data2 = f.readlines()
f.close()
pos = {}
for i, row in enumerate(data2):
    if row == "200\n":
        break
for j in range(200):
    xx, yy = list(map(int, data2[i + 1 + j].split()))
    pos[j] = (xx, yy)
```

17.5.1 *p*-ハブ・メディアン問題に対する非凸 2 次関数定式化

最初の定式化は，非凸 2 次関数を目的関数としたものであるが，数理最適化ソルバー Gurobi だと求解可能である．

以下の変数を用いる．

x_{ik}: 地点 i がハブ k に割り当てられるとき 1 の 0-1 変数．ただし $x_{kk}=1$ のときは地点 k がハブであることを表す．

この変数を用いると，非凸 2 次な目的関数をもつ定式化は，以下のように書くことができる．

$$
\begin{array}{lll}
minimize & \displaystyle\sum_{i,j,k,\ell} t_{ij}(\chi d_{ik} x_{ik} + \alpha d_{k\ell} x_{ik} x_{j\ell} + \delta d_{\ell j} x_{j\ell}) & \\
s.t. & x_{ik} \leq x_{kk} & \forall i,k \\
 & \displaystyle\sum_{k} x_{ik} = 1 & \forall i \\
 & \displaystyle\sum_{k} x_{kk} = p & \\
 & x_{ik} \in \{0,1\} & \forall i,k
\end{array}
$$

```
p = 3
chi, alpha, delta = 3.0, 0.75, 2.0

N = list(range(n))
model = Model("p-hub")

x = {}
for i in N:
    for k in N:
        x[i, k] = model.addVar(vtype="B", name=f"x[{i},{k}]")
model.update()
```

```
for i in N:
    model.addConstr(quicksum(x[i, k] for k in N) == 1)

model.addConstr(quicksum(x[k, k] for k in N) == p)

for i in N:
    for k in N:
        if k != i:
            model.addConstr(x[i, k] <= x[k, k])

model.setObjective(
    quicksum(sum(t[i, j] for j in N) * chi * d[i, k] * x[i, k] for i in N for k in N)
    + quicksum(
        sum(t[i, j] for i in N) * delta * d[j, l] * x[j, l] for j in N for l in N
    )
    + quicksum(
        t[i, j] * alpha * d[k, l] * x[i, k] * x[j, l]
        for i in N
        for k in N
        for j in N
        for l in N
    ),
    GRB.MINIMIZE
)
```

```
model.optimize()
```

```
... (略) ...

Cutting planes:
  Gomory: 9
  MIR: 110
  Zero half: 3
  RLT: 12

Explored 1553 nodes (33626 simplex iterations) in 29.63 seconds
Thread count was 16 (of 16 available processors)

Solution count 7: 158830 160811 160942 ... 648902

Optimal solution found (tolerance 1.00e-04)
Best objective 1.588301313146e+05, best bound 1.588301313146e+05, gap 0.0000%
```

```
G = nx.Graph()
for i, k in x:
    if x[i, k].X > 0.001:
        G.add_edge(i, k)
plt.figure()
```

```
nx.draw(G, pos=pos, with_labels=True, node_size=100, node_color="yellow")
plt.show()
```

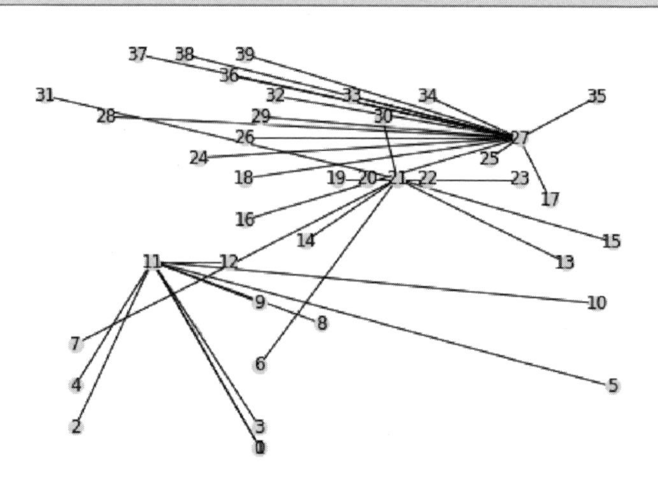

■ 17.5.2 p-ハブ・メディアン問題に対する線形定式化

ここでは，非凸 2 次関数に対応していない数理最適化ソルバーでも求解可能な定式化を示す．

以下の変数を用いる．

- x_{ik}:地点 i がハブ k に割り当てられるとき 1 の 0-1 変数．ただし $z_{kk} = 1$ のときは地点 k がハブであることを表す．
- $y_{ik\ell}$: 地点 i で発生したものが，ハブ k からハブ ℓ に輸送される量

$$
\begin{array}{lll}
minimize & \displaystyle\sum_{i,k} \chi \left(\sum_{j} t_{ij} \right) d_{ik} x_{ik} + \sum_{j,\ell} \delta \left(\sum_{i} t_{ij} \right) d_{\ell j} x_{j\ell} + \sum_{i,k,\ell} \alpha d_{k\ell} y_{ik\ell} & \\
s.t. & \displaystyle\sum_{k} x_{ik} = 1 & \forall i \\
 & x_{ik} \leq x_{kk} & \forall i,k \\
 & \displaystyle\sum_{\ell} y_{ik\ell} - \sum_{\ell} y_{i\ell k} = \left(\sum_{j} t_{ij} \right) x_{ik} - \sum_{j} t_{ij} x_{jk} & \forall i,k \\
 & x_{ik} \in \{0,1\} & \forall i,k \\
 & y_{ik\ell} \geq 0 & \forall i,k,\ell
\end{array}
$$

最後の式は，地点 i からハブ k に運ばれた量に対するフロー保存式であり，これによって実数変数 $y_{ik\ell}$ が計算される．

```
p = 3
chi, alpha, delta = 3.0, 0.75, 2.0
```

```
N = list(range(n))
model = Model("p-hub")

x, y = {}, {}
for i in N:
    for k in N:
        x[i, k] = model.addVar(vtype="B", name=f"x[{i},{k}]")
for i in N:
    for k in N:
        for l in N:
            y[i, k, l] = model.addVar(vtype="C", name=f"y[{i},{k},{l}]")
model.update()

for i in N:
    model.addConstr(quicksum(x[i, k] for k in N) == 1)

model.addConstr(quicksum(x[k, k] for k in N) == p)

for i in N:
    for k in N:
        if k != i:
            model.addConstr(x[i, k] <= x[k, k])

for i in N:
    for k in N:
        model.addConstr(
            quicksum(y[i, k, l] for l in N) - quicksum(y[i, l, k] for l in N)
            == (
                sum(t[i, j] for j in N) * x[i, k]
                - quicksum(t[i, j] * x[j, k] for j in N)
            )
        )

model.setObjective(
    quicksum(sum(t[i, j] for j in N) * chi * d[i, k] * x[i, k] for i in N for k in N)
    + quicksum(sum(t[i, j] for i in N) * delta * d[l, j] * x[j, l] for j in N for l in N)
    + quicksum(alpha * d[k, l] * y[i, k, l] for i in N for k in N for l in N),
    GRB.MINIMIZE
)
```

```
model.optimize()
```

```
... (略) ...

Cutting planes:
  MIR: 144
  Zero half: 2
```

```
  RLT: 57

Explored 1 nodes (4035 simplex iterations) in 4.18 seconds
Thread count was 16 (of 16 available processors)

Solution count 4: 158830 181217 192153 209239

Optimal solution found (tolerance 1.00e-04)
Best objective 1.588301313146e+05, best bound 1.588301313146e+05, gap 0.0000%
```

```
G = nx.Graph()
for i, k in x:
    if x[i, k].X > 0.001:
        G.add_edge(i, k)
plt.figure()
nx.draw(G, pos=pos, with_labels=True, node_size=100, node_color="yellow")
plt.show()
```

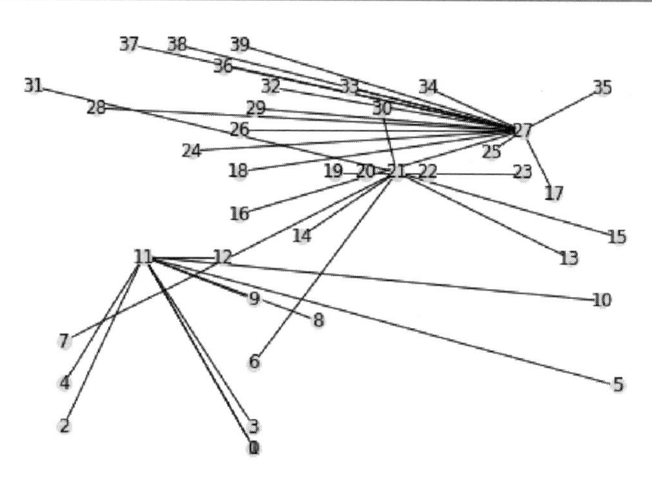

17.6 r-割当 p-ハブ・メディアン問題

r-割当 p-ハブ・メディアン問題 (r-allocation p-hub median problem) とは，各地点が高々 r 個のハブに割当可能と仮定した拡張である．

まず，定式化に必要な記号を導入しておく．

- n: 点数
- t_{ij}: 地点 i, j 間の輸送量
- d_{ij}: 地点 i, j 間の距離
- p: 選択するハブの数

- r: 各点が接続可能なハブの数の上限

輸送費用は，距離に以下のパラメータを乗じて計算する．

- χ: 地点からハブへの輸送
- α: ハブ間の輸送
- δ: ハブから地点への輸送

17.6.1　標準定式化

最初の定式化は変数は多いが，下界は強い標準的な定式化である．

以下の変数を用いる．

- $f_{ijk\ell}$: 地点 i から地点 j へ輸送する量が，パス $i \to k \to \ell \to j$ を通過する比率
- z_{ik}: 地点 i がハブ k に割り当てられるとき 1 の 0-1 変数．ただし $z_{kk}=1$ のときは地点 k がハブであることを表す．

上の変数を使うと，r-割当 p-ハブ・メディアン問題は以下のように定式化できる．

$$
\begin{array}{lll}
minimize & \displaystyle\sum_{i,j,k,\ell} t_{ij}(\chi d_{ik} + \alpha d_{k\ell} + \delta d_{\ell j}) f_{ijk\ell} & \\
s.t. & \displaystyle\sum_{k} z_{ik} \leq r & \forall i \\
 & z_{ik} \leq z_{kk} & \forall i,k \\
 & \displaystyle\sum_{k} z_{kk} = p & \\
 & \displaystyle\sum_{k,\ell} f_{ijk\ell} = 1 & \forall i,j \\
 & \displaystyle\sum_{\ell} f_{ijk\ell} \leq z_{ik} & \forall i,j,k \\
 & \displaystyle\sum_{k} f_{ijk\ell} \leq z_{j\ell} & \forall i,j,\ell \\
 & f_{ijk\ell} \geq 0 & \forall i,j,k,\ell \\
 & z_{ik} \in \{0,1\} & \forall i,k
\end{array}
$$

```
p, r = 3, 2
chi, alpha, delta = 3.0, 0.75, 2.0

N = list(range(n))
model = Model("p-hub")

f, z = {}, {}
for i in N:
    for j in N:
        for k in N:
            for l in N:
                f[i, j, k, l] = model.addVar(vtype="C", name=f"f[{i},{j},{k},{l}]")
```

```
for i in N:
    for k in N:
        z[i, k] = model.addVar(vtype="B", name=f"z[{i},{k}]")
model.update()

for i in N:
    model.addConstr(quicksum(z[i, k] for k in N) <= r)

for i in N:
    for k in N:
        if k != i:
            model.addConstr(z[i, k] <= z[k, k])

model.addConstr(quicksum(z[k, k] for k in N) == p)

for i in N:
    for j in N:
        model.addConstr(quicksum(f[i, j, k, l] for k in N for l in N) == 1)

for i in N:
    for j in N:
        for k in N:
            model.addConstr(quicksum(f[i, j, k, l] for l in N) <= z[i, k])

for i in N:
    for j in N:
        for l in N:
            model.addConstr(quicksum(f[i, j, k, l] for k in N) <= z[j, l])

model.setObjective(
    quicksum(
        t[i, j] * (chi * d[i, k] + alpha * d[k, l] + delta * d[l, j]) * f[i, j, k, l]
        for i, j, k, l in f
    ),
    GRB.MINIMIZE,
)
```

```
model.optimize()
```

```
... (略) ...

Explored 0 nodes (82147 simplex iterations) in 104.12 seconds
Thread count was 16 (of 16 available processors)

Solution count 2: 155798 269423

Optimal solution found (tolerance 1.00e-04)
Best objective 1.557983050567e+05, best bound 1.557983050567e+05, gap 0.0000%
```

```
G = nx.Graph()
for i, k in z:
    if z[i, k].X > 0.001:
        G.add_edge(i, k)
plt.figure()
nx.draw(G, pos=pos, with_labels=True, node_size=100, node_color="yellow")
plt.show()
```

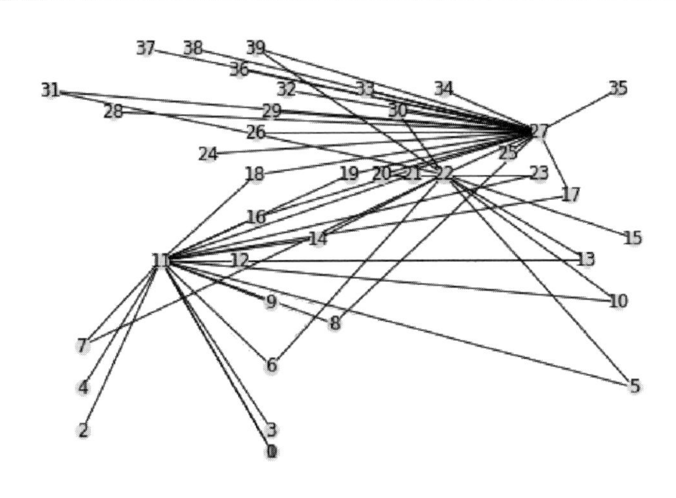

17.6.2　コンパクトな定式化

上の定式化は変数の数が $O(n^4)$ であり，強い下界を算出するが，大規模問題例には不向きである．以下では $O(n^3)$ の変数を用いた定式化を示す．

以下の変数を用いる．

- x_{ik}: 地点 i からハブ k へ輸送する量
- $X_{i\ell j}$: 地点 i から地点 j への輸送が，ハブ ℓ から運ばれる量
- $y_{ik\ell}$: 地点 i で発生したものが，ハブ k からハブ ℓ に輸送される量
- z_{ik}: 地点 i がハブ k に割り当てられるとき 1 の 0-1 変数．ただし $z_{kk} = 1$ のときは地点 k がハブであることを表す．

上の変数を使うと，r-割当 p-ハブ・メディアン問題は以下のように定式化できる．

$$
\begin{array}{lll}
minimize & \sum_{i,k} \chi d_{ik} x_{ik} + \sum_{i,j,\ell} \delta d_{\ell j} X_{i\ell j} + \sum_{i,k,\ell} \alpha d_{k\ell} y_{ik\ell} & \\
s.t. & \sum_{k} z_{ik} \leq r & \forall i \\
 & z_{ik} \leq z_{kk} & \forall i,k \\
 & \sum_{k} z_{kk} = p & \\
 & \sum_{k} x_{ik} = \sum_{j} t_{ij} & \forall i \\
 & x_{ik} \leq (\sum_{j} t_{ij}) z_{ik} & \forall i,k \\
 & \sum_{\ell} X_{i\ell j} = t_{ij} & \forall i,j \\
 & X_{i\ell j} \leq t_{ij} z_{j\ell} & \forall i,j,\ell \\
 & \sum_{\ell} y_{ik\ell} - \sum_{\ell} y_{i\ell k} = x_{ik} - \sum_{j} X_{ikj} & \forall i,k \\
 & x_{ik} \geq 0 & \forall i,k \\
 & X_{i\ell j} \geq 0 & \forall i,\ell,j \\
 & y_{ik\ell} \geq 0 & \forall i,k,\ell \\
 & z_{ik} \in \{0,1\} & \forall i,k
\end{array}
$$

```
p, r = 3, 2
chi, alpha, delta = 3.0, 0.75, 2.0

N = list(range(n))
model = Model("p-hub")

x, X, y, z = {}, {}, {}, {}
for i in N:
    for k in N:
        x[i, k] = model.addVar(vtype="C", name=f"x[{i},{k}]")

for i in N:
    for l in N:
        for j in N:
            X[i, l, j] = model.addVar(vtype="C", name=f"X[{i},{l},{j}]")

for i in N:
    for k in N:
        for l in N:
            y[i, k, l] = model.addVar(vtype="C", name=f"y[{i},{k},{l}]")

for i in N:
    for k in N:
        z[i, k] = model.addVar(vtype="B", name=f"z[{i},{k}]")
model.update()
```

```
for i in N:
    model.addConstr(quicksum(z[i, k] for k in N) <= r)

for i in N:
    for k in N:
        if k != i:
            model.addConstr(z[i, k] <= z[k, k])

model.addConstr(quicksum(z[k, k] for k in N) == p)

for i in N:
    model.addConstr(quicksum(x[i, k] for k in N) == sum(t[i, j] for j in N))

for i in N:
    for k in N:
        model.addConstr(x[i, k] <= sum(t[i, j] for j in N) * z[i, k])

for i in N:
    for j in N:
        model.addConstr(quicksum(X[i, l, j] for l in N) == t[i, j])

for i in N:
    for j in N:
        for l in N:
            model.addConstr(X[i, l, j] <= t[i, j] * z[j, l])

for i in N:
    for k in N:
        model.addConstr(
            quicksum(y[i, k, l] for l in N)
            + quicksum(X[i, k, j] for j in N)
            - quicksum(y[i, l, k] for l in N)
            - x[i, k]
            == 0
        )

model.setObjective(
    quicksum(chi * d[i, k] * x[i, k] for i in N for k in N)
    + quicksum(delta * d[j, l] * X[i, l, j] for i in N for j in N for l in N)
    + quicksum(alpha * d[k, l] * y[i, k, l] for i in N for k in N for l in N),
    GRB.MINIMIZE,
)
```

```
model.optimize()
```

```
...（略）...
```

```
Cutting planes:
  MIR: 146
  Flow cover: 110
  RLT: 4

Explored 1 nodes (65669 simplex iterations) in 70.76 seconds
Thread count was 16 (of 16 available processors)

Solution count 10: 155798 156457 162592 ... 215073

Optimal solution found (tolerance 1.00e-04)
Best objective 1.557983050567e+05, best bound 1.557983050567e+05, gap 0.0000%
```

```
G = nx.Graph()
for i, k in z:
    if z[i, k].X > 0.001:
        G.add_edge(i, k)
plt.figure()
nx.draw(G, pos=pos, with_labels=True, node_size=100, node_color="yellow")
plt.show()
```

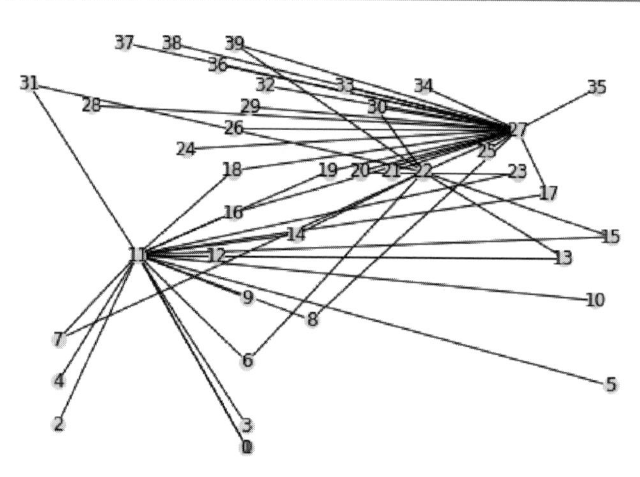

17.7 ロジスティクス・ネットワーク設計問題

実際には，ロジスティクス・ネットワーク全体を最適化する必要がある．以下に簡単な例を示す．

集合・パラメータ・変数を以下に示す．

集合:

- $Cust$: 顧客（群）の集合

- Dc : 倉庫の集合
- $Plnt$: 工場の集合
- $Prod$: 製品（群）の集合

パラメータ:

需要量，固定費用，取扱量（生産量）上下限の数値は，単位期間（既定値は 365 日）に変換してあるものとする．

- c_{ij} : 地点 ij 間の 1 単位重量あたりの移動費用
- w_p : 製品 p の重量
- d_{kp} : 顧客 k における製品 p の需要量
- LB_j, UB_j : 倉庫 j の取扱量の下限と上限．入庫する製品量の下限と上限を表す．
- NLB, NUB : 開設する倉庫数の下限と上限
- f_j : 倉庫 j を開設する際の固定費用
- v_j : 倉庫 j における製品 1 単位あたりの変動費用
- PLB_{ip}, PUB_{ip} : 工場 i における製品 p の生産量上限

変数:

- x_{ijp} : 地点 ij 間の製品 p のフロー量
- y_j: 倉庫 j を開設するとき 1，それ以外のとき 0 を表す 0-1 変数

定式化:

$$
\begin{aligned}
minimize \quad & \sum_{i \in Plnt, j \in Dc, p \in Prod} (w_p c_{ij} + v_j) x_{ijp} \\
& + \sum_{j \in Dc, k \in Cust, p \in Prod} w_p c_{jk} x_{jkp} + \sum_{j \in Dc} f_j y_j \\
s.t. \quad & \sum_{j \in Dc} x_{jkp} = d_{kp} & \forall k \in Cust, p \in Prod \\
& \sum_{i \in Plnt} x_{ijp} = \sum_{k \in Cust} x_{jkp} & \forall j \in Dc, p \in Prod \\
& x_{jkp} \leq d_{kp} y_j & \forall j \in Dc, k \in Cust, p \in Prod \\
& LB_j y_j \leq \sum_{i \in Plnt, p \in Prod} x_{ijp} \leq UB_j y_j & \forall j \in Dc \\
& \sum_{j \in Dc} x_{ijp} \leq PUB_{ip} & \forall i \in Plnt, p \in Prod \\
& NUB \leq \sum_{j \in Dc} y_j \leq NUB
\end{aligned}
$$

上のモデルの拡張を組み込んだロジスティクス・ネットワーク最適化システムとして MELOS（MEta Logistic network Optimization System: `https://www.logopt.com/melos/`）が開発されている．

18 k-センター問題

- k-センター問題に対する定式化と解法

18.1 準備

```
import random
import math
from gurobipy import Model, quicksum, GRB
# from mypulp import Model, quicksum, GRB
import networkx as nx
import matplotlib.pyplot as plt
```

18.2 センター問題

センター問題（center problem）とは，顧客から最も近い施設への距離の「最大値」を最小にするように，グラフ内の点または枝上，または空間内の任意の点から施設を選択する問題の総称であり，施設数 k を指定した問題を **k-センター問題** (k-center problem) とよぶ．

ここでは，点上に施設を配置する場合を考える．

18.2.1 標準定式化

k-メディアン問題と同様に，顧客 i から施設 j への距離を c_{ij} とし，以下の変数を導入する．

$$x_{ij} = \begin{cases} 1 & \text{顧客 } i \text{ の需要が施設 } j \text{ によって満たされるとき} \\ 0 & \text{それ以外のとき} \end{cases}$$

$$y_j = \begin{cases} 1 & \text{施設 } j \text{ を開設するとき} \\ 0 & \text{それ以外のとき} \end{cases}$$

最も遠い施設でサービスを受ける顧客の移動費用を表す連続変数 z を導入する.

上の記号および変数を用いると, k-センター問題は以下のように定式化できる.

$$\begin{array}{lll} minimize & z & \\ s.t. & \sum_{j \in J} x_{ij} = 1 & \forall i \in I \\ & \sum_{j \in J} c_{ij} x_{ij} \leq z & \forall i \in I \\ & \sum_{j \in J} y_j = k & \\ & x_{ij} \leq y_j & \forall i \in I, j \in J \\ & x_{ij} \in \{0, 1\} & \forall i \in I, j \in J \\ & y_j \in \{0, 1\} & \forall j \in J \end{array}$$

```
def distance(x1, y1, x2, y2):
    return math.sqrt((x2 - x1) ** 2 + (y2 - y1) ** 2)

def make_data(n):
    I = range(n)
    J = range(n)
    x = [random.random() for i in range(n)]
    y = [random.random() for i in range(n)]
    c = {}
    for i in I:
        for j in J:
            c[i, j] = distance(x[i], y[i], x[j], y[j])
    return I, J, c, x, y

def kcenter(I, J, c, k):
    model = Model("k-center")
    z = model.addVar(vtype="C")
    x, y = {}, {}
    for j in J:
        y[j] = model.addVar(vtype="B")
        for i in I:
            x[i,j] = model.addVar(vtype="B")
    model.update()
    for i in I:
        model.addConstr(quicksum(x[i,j] for j in J) == 1)
        model.addConstr(quicksum(c[i,j]*x[i,j] for j in J) <= z)
        for j in J:
```

```
        model.addConstr(x[i,j] <= y[j])
    model.addConstr(quicksum(y[j] for j in J) == k)
    model.setObjective(z, GRB.MINIMIZE)
    model.update()
    model.__data = x,y
    return model
```

```
random.seed(67)
n = 30
I, J, c, x_pos, y_pos = make_data(n)
k = 5
model = kcenter(I, J, c, k)
model.optimize()
x, y = model.__data
facilities = [j for j in y if y[j].X > 0.5]
edges = [(i, j) for (i, j) in x if x[i, j].X > 0.5]
```

```
... (略) ...

Cutting planes:
  Gomory: 6
  MIR: 5
  Zero half: 1
  Mod-K: 1
  RLT: 6

Explored 1 nodes (3018 simplex iterations) in 0.27 seconds
Thread count was 16 (of 16 available processors)

Solution count 10: 0.333668 0.335299 0.345553 ... 0.595107

Optimal solution found (tolerance 1.00e-04)
Best objective 3.336684909605e-01, best bound 3.336684909605e-01, gap 0.0000%
```

```
def draw_center(facilities, edges, x_pos, y_pos):
    G = nx.Graph()
    facilities = set(facilities)
    unused = set(j for j in J if j not in facilities)
    client = set(i for i in I if i not in facilities and i not in unused)
    G.add_nodes_from(facilities)
    G.add_nodes_from(client)
    G.add_nodes_from(unused)
    for (i, j) in edges:
        G.add_edge(i, j)

    position = {}
    for i in range(len(x_pos)):
        position[i] = (x_pos[i], y_pos[i])
```

```
    nx.draw(G, position, with_labels=False, node_color="b", nodelist=facilities)
    nx.draw(G, position, with_labels=False, node_color="c", nodelist=unused, ↩
     node_size=50)
    nx.draw(G, position, with_labels=False, node_color="g", nodelist=client, ↩
     node_size=50)

draw_center(facilities, edges, x_pos, y_pos)
```

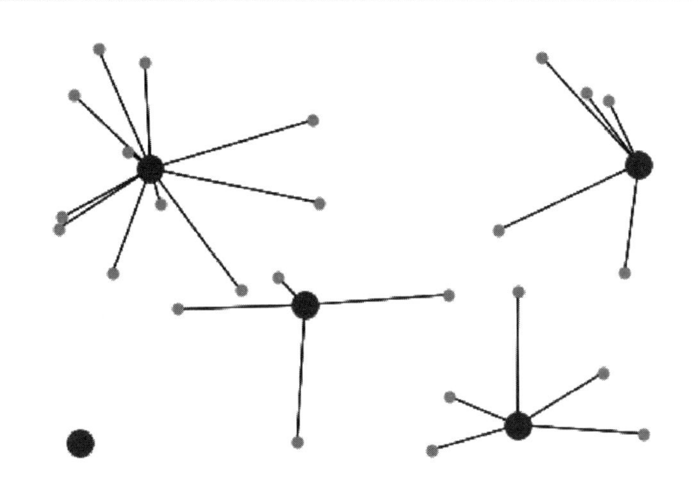

■ 18.2.2 2 分探索を用いた解法

標準定式化は min-max 型の目的関数をもつので大規模問題例には不向きである．ここでは，2 分探索を用いた解法を考える．

顧客から施設までの距離が θ 以下である枝だけから構成されるグラフ $G_\theta = (V, E_\theta)$ を考える．点の部分集合 $S\ (\subseteq V)$ が与えられたとき，すべての点 $i\ (\in V)$ が S 内の少なくとも 1 つの点に隣接するとき S を**点被覆**（vertex cover）とよぶ．

グラフ G_θ 上で $|S| = k$ の被覆が存在するなら，k-センター問題の最適値が θ 以下であることが言える．

施設 j を開設するとき 1 となる 0-1 変数 y_j は，ここでは点の部分集合 S に含まれるとき 1 となる変数と見なすことができる．さらに以下の変数を導入する．

$$z_i = \begin{cases} 1 & \text{点 } i \text{ が } S \text{ 内の点に隣接しない(被覆されない)} \\ 0 & \text{それ以外のとき} \end{cases}$$

グラフ G_θ の隣接行列（点 i, j が隣接しているとき 1，それ以外のとき 0 の要素をもつ行列）を $[a_{ij}]$ としたとき，$|S| = k$ の被覆が存在するか否かを判定する問題は，以下

の**被覆立地問題**（covering location problem）として定式化できる．

$$
\begin{array}{lll}
minimize & \sum_{i \in I} z_i & \\
s.t. & \sum_{j \in J} a_{ij} y_j + z_i = 1 & \forall i \in I \\
& \sum_{j \in J} y_j = k & \\
& z_i \in \{0, 1\} & \forall i \in I \\
& y_j \in \{0, 1\} & \forall j \in J
\end{array}
$$

目的関数は，被覆されない顧客の数を最小化することを表す．最初の制約は，顧客 i が S 内の点にグラフ G_θ 上で隣接するか，そうでない場合には変数 z_i が 1 になることを規定する．2 番目の制約は，開設された施設の数が k 個であることを規定する．

この問題を G_θ 上の k 点被覆問題とよぶ．k 点被覆問題を部分問題として用いて，最適な θ（上の問題の最適値が 0 になる最小の θ）は 2 分探索で求めることができる．

```
def kcover(I, J, c, k):
    """kcover -- minimize the number of uncovered
    customers from k facilities.
    Parameters:
        - I: set of customers
        - J: set of potential facilities
        - c[i,j]: cost of servicing customer i from facility j
        - k: number of facilities to be used
    Returns a model, ready to be solved.
    """

    model = Model("k-center")

    z, y, x = {}, {}, {}
    for i in I:
        z[i] = model.addVar(vtype="B", name="z(%s)" % i)
    for j in J:
        y[j] = model.addVar(vtype="B", name="y(%s)" % j)
        for i in I:
            x[i, j] = model.addVar(vtype="B", name="x(%s,%s)" % (i, j))
    model.update()

    for i in I:
        model.addConstr(quicksum(x[i, j] for j in J) + z[i] == 1, "Assign(%s)" % i)
        for j in J:
            model.addConstr(x[i, j] <= y[j], "Strong(%s,%s)" % (i, j))

    model.addConstr(quicksum(y[j] for j in J) == k, "k_center")

    model.setObjective(
        quicksum(z[i] for i in I) + 0.001 * quicksum(c[i, j] * x[i, j] for (i, j) in x),
```

```
        GRB.MINIMIZE,
    )

    model.update()
    model.__data = x, y, z
    return model
```

```
def solve_kcenter(I, J, c, k, delta):
    """solve_kcenter -- locate k facilities minimizing
    distance of most distant customer.
    Parameters:
        I - set of customers
        J - set of potential facilities
        c[i,j] - cost of servicing customer i from facility j
        k - number of facilities to be used
        delta - tolerance for terminating bisection
    Returns:
        - list of facilities to be used
        - edges linking them to customers
    """

    model = kcover(I, J, c, k)
    x, y, z = model.__data

    facilities, edges = [], []
    LB = 0
    UB = max(c[i, j] for (i, j) in c)
    while UB - LB > delta:
        theta = (UB + LB) / 2.0
        # print "\n\ncurrent theta:", theta
        for j in J:
            for i in I:
                if c[i, j] > theta:
                    x[i, j].UB = 0
                else:
                    x[i, j].UB = 1.0
        model.update()
        model.Params.OutputFlag = 0 # silent mode
        model.Params.Cutoff = 0.1
        model.optimize()

        if model.status == GRB.Status.OPTIMAL:
            UB = theta
            facilities = [j for j in y if y[j].X > 0.5]
            edges = [(i, j) for (i, j) in x if x[i, j].X > 0.5]
        else:  # infeasibility > 0:
            LB = theta

    return facilities, edges
```

```
random.seed(67)
n = 200
I, J, c, x_pos, y_pos = make_data(n)
k = 5
delta = 1.0e-4
facilities, edges = solve_kcenter(I, J, c, k, delta)
print("Selected facilities:", facilities)
print(
    "Max distance from a facility to a customer: ", max([c[i, j] for (i, j) in ↵
     edges])
)
```

```
Selected facilities: [89, 93, 131, 133, 196]
Max distance from a facility to a customer:  0.3061769941895321
```

```
draw_center(facilities, edges, x_pos, y_pos)
```

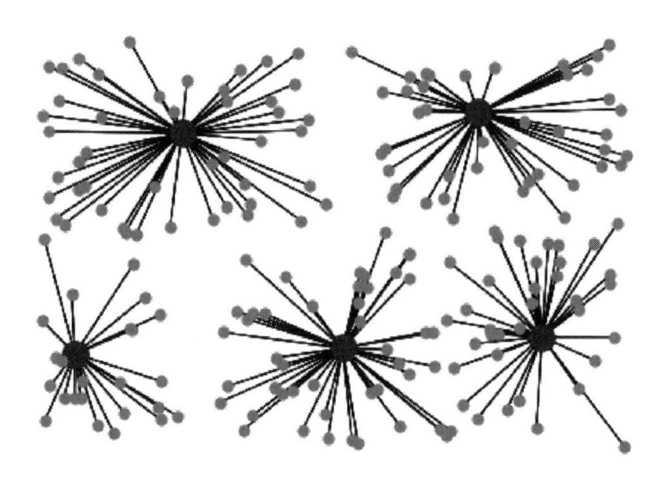

19 在庫最適化問題

- 在庫最適化問題とその周辺

19.1 準備

```
import random
import math
import numpy as np
from gurobipy import Model, quicksum, GRB, multidict
# from mypulp import Model, quicksum, GRB, multidict
from scipy.stats import norm
```

19.2 新聞売り子問題

ここでは，**新聞売り子モデル**（newsboy model）とよばれる古典的な確率的在庫モデルを紹介する．新聞売り子モデルは，以下のようなシナリオに基づく．

> 新聞の売り子が，1 種類の新聞を販売している．新聞が売れる量（需要量）は，経験からある程度推測できると仮定し，確率変数として与えられているものとする．いま，売れ残りのときの在庫費用と，品切れのときの品切れ費用の和が最小になるように仕入れ量を決めるものとする．どれだけの量を仕入れれば良いだろうか?

解析に必要な記号を導入する．

- h: 新聞 1 部が売れ残ったときに課せられる在庫費用．正の値を仮定する．
- b: 新聞 1 部が品切れしたときに課せられる品切れ費用．正の値を仮定する．
- D: 新聞の需要量を表す確率変数．非負で連続な確率変数であり，その分布関数を $F(x)$（微分可能と仮定），密度関数を $f(x)$ と記す．

$$F(x) = \Pr\{D \leq x\}$$

$$f(x) = \frac{\partial F(x)}{\partial x}$$

仕入れ量が s のときの総費用の期待値 $C(s)$ は，

$$C(s) = \mathrm{E}\left[h[s-D]^+ + b[s-D]^-\right]$$

となる．ここで，$[\cdot]^+$ は $\max\{0,\cdot\}$ を表し，$[\cdot]^-$ は $-\min\{0,\cdot\}$ を表す．

これは，

$$\begin{aligned} C(s) &= h\int_0^\infty \max\{s-x,0\}f(x)dx + b\int_0^\infty \max\{x-s,0\}f(x)dx \\ &= h\int_0^s (s-x)f(x)dx + b\int_s^\infty (x-s)f(x)dx \end{aligned}$$

と書ける．変数 s による 1 階偏微分は，Leibniz の規則を使うと，

$$\frac{\partial C(s)}{\partial s} = h\int_0^s 1f(x)dx + b\int_s^\infty (-1)f(x)dx = hF(s) - b(1-F(s))$$

となる．2 階偏微分は

$$\frac{\partial^2 C(s)}{\partial s^2} = (h+b)f(s)$$

となり，需要量が非負の確率変数であり，かつ h も b も正であるという仮定の下では，非負の値をとる．よって，$C(s)$ は s に関する凸関数であるので，$C(s)$ を最小にする s は，$\partial C(s)/\partial s = hF(s) - b(1-F(s)) = 0$ より，

$$F(s^*) = \frac{b}{b+h}$$

を満たす s^* になる．

ここで，$F(s^*)$ は需要が仕入れ量 s^* を超えない確率，言い換えれば品切れを起こさない確率を表していることに注意すると，上式は，$b/(b+h)$ が品切れを起こさない確率と同じになるように s^* を設定すれば良いことを表している．$b/(b+h)$ を**臨界率**（ctitical ratio）とよび，ω と記す．

最適な仕入れ量 s^* は，分布関数の逆関数を計算すれば良い．

$$s^* = F^{-1}(\omega)$$

分布関数の逆関数は，**パーセント点関数**（percent point function）とよばれ，SciPy では，確率変数オブジェクトの ppf メソッドで計算できる．

例として，平均 100，標準偏差 10 の正規分布にしたがう需要をもつ商品に対して，品切れ費用が 100 円，在庫費用が 10 円のときの仕入れ量を求めてみよう．

```
b = 100
h = 10
omega = b / (b + h)
print("臨界率=", omega)
print("仕入れ量=", norm.ppf(omega, loc=100, scale=10))
```

```
臨界率= 0.9090909090909091
仕入れ量= 113.35177736118936
```

19.3 経済発注量問題

経済発注量問題（economic ordering quantity problem）はサイクル在庫を決めるための古典である.

単一品目の経済発注量問題（Harris のモデル）は以下の仮定に基づく.

- 品目（商品，製品）は一定のスピードで消費されており，その使用量（これを需要量とよぶ）は 1 日あたり $d(\in \mathbf{R}_+)$ 単位である．ここで $\mathbf{R}_+$ は，非負の実数全体の集合を表す記号である.
- 品目の品切れは許さない.
- 品目は発注を行うと同時に調達される．言い換えれば発注リード時間（注文してから品目が到着するまでの時間）は 0 である.
- 発注の際には，発注量によらない固定的な費用（これを発注費用とよぶ）$F(\in \mathbf{R}_+)$ 円が課せられる.
- 在庫保管費用は保管されている在庫量に比例してかかり，品目 1 個あたりの保管費用は 1 日で $h(\in \mathbf{R}_+)$ 円とする.
- 考慮する期間は無限期間とする.
- 初期在庫は 0 とする.

上の仮定の下で，1 日あたりの総費用を最小化する発注方策を求めることが，ここで考える問題の目的である.

容易にわかるように，最適な発注方策は以下の 2 つの性質を満たす.

- 定常: 方策が時間に依存しない.
- 在庫ゼロ発注性: 在庫量が 0 になったときのみ発注する.

上の性質の下では，在庫レベルの時間的な経過を表すグラフはノコギリの歯型になり，最適な発注方策を求める問題は 1 回あたりの発注量 Q を求める問題に帰着される.

発注を行う間隔をサイクル時間とよび T と書く．発注量 Q とサイクル時間 T の間には

$$d = \frac{Q}{T}$$

の関係がある．需要量（需要の速度）d が一定であるという仮定の下では，発注量 Q を求めることとサイクル時間 T を求めることは同じである.

まず，発注を 1 回行う間（1 周期あたり）の総費用を考えよう．総費用は発注費用と在庫保管費用の和である．サイクル時間 T 内では発注は 1 回だけであり，在庫保管費用は在庫レベルの面積に比例する．よって，1 周期あたりの総費用は

$$F + \frac{hTQ}{2}$$

となる．単位時間（1 日）あたりの費用は，これを T で除することにより

$$\frac{F}{T} + \frac{hQ}{2}$$

となる． Q を消去し，サイクル時間 T だけの式に変形することによって

$$\frac{F}{T} + \frac{hdT}{2}$$

を得る．

この問題は解析的に（微分を用いて）解くことができ，最適なサイクル時間 T^* は

$$T^* = \sqrt{\frac{2F}{hd}}$$

最適値 $f(T^*)$ は

$$\sqrt{2Fhd}$$

となることが示される．

19.4 複数品目経済発注量問題

複数の品目を小売店に卸している倉庫における経済発注量モデルを考える．この場合には，上のように簡単な公式で解析的には解くことができない．ここでは，非線形関数を区分的線形関数で近似することにより，解くことを考える．

品目の集合を I とする．倉庫には，置けるものの量に上限があり，これを容量制約とよぶ．品目 $i(\in I)$ の大きさを w_i とし，倉庫に置ける量の上限を W とする．また，各品目は，すべて異なるメーカーに注文するので，発注費用は各品目を注文するたびにかかるものとし，品目 i の発注費用を F_i とする．品目 i の在庫保管費用を h_i，需要量を d_i としたとき，容量制約を破らない条件の下で，総費用が最小になる発注方策を導こう．

Harris のモデルと同様に，発注費用と在庫費用の和を最小化するが，容量制約を表現するための制約が付加される．非線形の目的関数をもつ数理最適化モデルとして定式化すると，容量を考慮した複数品目モデルは，以下のように書ける．

$$\begin{array}{lll} minimize & \sum_{i \in I} \frac{F_i}{T_i} + \frac{h_i d_i T_i}{2} & \\ s.t. & \sum_{i \in I} w_i d_i T_i \leq W & \\ & T_i > 0 & \forall i \in I \end{array}$$

ここでは，区分的線形近似を用いて定式化を行い，求解する．

```
def eoq(I, F, h, d, w, W, a0, aK, K):
    """eoq -- multi-item capacitated economic ordering quantity model
    Parameters:
        - I: set of items
        - F[i]: ordering cost for item i
        - h[i]: holding cost for item i
        - d[i]: demand for item i
        - w[i]: unit weight for item i
        - W: capacity (limit on order quantity)
        - a0: lower bound on the cycle time (x axis)
        - aK: upper bound on the cycle time (x axis)
        - K: number of linear pieces to use in the approximation
    Returns a model, ready to be solved.
    """

    # construct points for piecewise-linear relation, store in a,b
    a, b = {}, {}
    delta = float(aK - a0) / K
    for i in I:
        for k in range(K):
            T = a0 + delta * k
            a[i, k] = T  # abscissa: cycle time
            b[i, k] = (
                F[i] / T + h[i] * d[i] * T / 2.0
            )  # ordinate: (convex) cost for this cycle time

    model = Model("multi-item, capacitated EOQ")
    x, y, c = {}, {}, {}
    for i in I:
        x[i] = model.addVar(vtype="I", name="x(%s)" % i)  # cycle time for item i
        c[i] = model.addVar(vtype="C", name="c(%s)" % i)  # total cost for item i
        for k in range(K):
            y[i, k] = model.addVar(ub=1, vtype="C", name="y(%s,%s)" % (i, k))
    model.update()

    for i in I:
        model.addConstr(quicksum(y[i, k] for k in range(K)) == 1)
        model.addConstr(quicksum(a[i, k] * y[i, k] for k in range(K)) == x[i])
        model.addConstr(quicksum(b[i, k] * y[i, k] for k in range(K)) == c[i])

    model.addConstr(quicksum(w[i] * d[i] * x[i] for i in I) <= W)

    model.setObjective(quicksum(c[i] for i in I), GRB.MINIMIZE)

    model.update()
    model.__data = x, y
    return model
```

```
I, F, h, d, w = multidict(
```

```
    {1: [300, 10, 10, 20], 2: [300, 10, 30, 40], 3: [300, 10, 50, 10]}
)
W = 2000
K = 1000
a0, aK = 0.1, 10
model = eoq(I, F, h, d, w, W, a0, aK, K)
model.optimize()

x, y = model.__data
EPS = 1.0e-6
for v in x:
    if x[v].X >= EPS:
        print(x[v].VarName, x[v].X)

print("Obj:", model.ObjVal)
```

```
... (略) ...

Explored 0 nodes (5 simplex iterations) in 0.02 seconds
Thread count was 16 (of 16 available processors)

Solution count 1: 1350.01

Optimal solution found (tolerance 1.00e-04)
Best objective 1.350007349591e+03, best bound 1.350007349591e+03, gap 0.0000%
x(1) 1.0
x(2) 1.0
x(3) 1.0
Obj: 1350.0073495912204
```

19.5 途絶を考慮した新聞売り子問題

調達先の途絶だけでなく，需要も不確実性をもつ場合には，陽的な公式を得ることは難しいが，以下の簡単な数理最適化モデルを用いることによって，最適な発注量を求めることができる．

数理最適化モデルの定式化で用いる記号は，以下の通り．

- h: （品目 1 個あたり，1 期間あたりの）在庫費用
- b: （品目 1 個あたり，1 期間あたりの）バックオーダー費用
- S: 途絶と需要のシナリオの集合．シナリオを表す添え字を s と記す．n 期連続で途絶するシナリオは，確率 π_n で発生するものとし，その際には，$n+1$ 期分のバックオーダーされた需要量が発生するものとする
- d_s: シナリオ s における品目の需要量．基本となる需要が各期ごとに独立な正規分

布 $N(\mu, \sigma^2)$ と仮定した場合には，n 期連続で途絶するシナリオに対しては，平均 $\mu(n+1)$，標準偏差 $\sigma\sqrt{n+1}$ の正規分布にしたがう

- p_s: シナリオ s の発生確率．n 期連続で途絶するシナリオは，確率 π_n で発生させる．n が大きくなると π_n は小さくなるので，有限個のシナリオを生成するために適当な n で打ち切り，各 n に対して定数個のランダムな需要シナリオが等確率で発生するように設定する
- x: 発注量（基在庫レベル）を表す（即時決定）変数
- I_s: シナリオ s における在庫量を表す（リコース）変数
- B_s: シナリオ s におけるバックオーダー量を表す（リコース）変数

上で定義した記号を用いることによって，途絶を考慮した新聞売り子モデルは，以下のように定式化できる．

$$
\begin{array}{lll}
minimize & \sum_{s \in S} p_s \left(hI_s + bB_s \right) & \\
s.t. & x + B_s = d_s + I_s & \forall s \in S \\
 & x \geq 0 & \\
 & I_s \geq 0 & \forall s \in S \\
 & B_s \geq 0 & \forall s \in S
\end{array}
$$

上のモデルを用いることによって，途絶リスクと基在庫レベルの関係に対する洞察を得ることができる．

また，リスク要因を考慮するためには，CVaR（conditional value at risk）最小化モデルが有効である．ここでは，上で考えた途絶を考慮した新聞売り子モデルに対して CVaR を評価尺度としたモデルを考える．

与えられた確率 $0 < \beta < 1$ に対して，費用が閾値 y を超えない確率が β 以上になるような最小の y を β-VaR とよぶ．β-VaR は計算しにくいので，代用品として β-VaR を超えた条件の下での期待値である β-CVaR を用いる．

シナリオ s における費用を表す変数 f_s，f_s が α を超過する量を表す変数を V_s とすると，CVaR 最小化モデルは，以下のようになる．

$$
\begin{array}{lll}
minimize & y + \frac{1}{1-\beta}\sum_{s \in S} p_s V_s & \\
s.t. & f_s = hI_s + bB_s & \forall s \in S \\
 & V_s \geq f_s - y & \forall s \in S \\
 & x + B_s = d_s + I_s & \forall s \in S \\
 & x \geq 0 & \\
 & I_s \geq 0 & \forall s \in S \\
 & B_s \geq 0 & \forall s \in S \\
 & V_s \geq 0 & \forall s \in S
\end{array}
$$

```
h = 1.0    # holding cost
b = 100.0  # backorder cost
T = 1      # 計画期間
mu = 100  # 需要の平均
sigma = 10  # 需要の標準偏差
risk_ratio = 0.5
beta = 0.8
d = {}  # 需要量
prob = {}
random.seed(12)
S = 100  # シナリオの数(0..S-1)
#単一期間の需要を正規分布で生成
prob = {}
ND = norm(mu, sigma)
prob[0] = ND.cdf(0)
d[0, 0] = 0
for i in range(1, S):
    d[0, i] = i
    prob[i] = ND.pdf(i)

model = Model()
x, B, I, V, f = {}, {}, {}, {}, {}
for s in range(S):
    V[s] = model.addVar(vtype="C", name=f"V({s})")
    f[s] = model.addVar(vtype="C", name=f"f({s})")
alpha = model.addVar(vtype="C", name="alpha")  # VaR

for t in range(T):
    x[t] = model.addVar(vtype="C", name= f"x({t})")
    for s in range(S):
        B[t, s] = model.addVar(vtype="C", name= f"B({t},{s})" )
        I[t, s] = model.addVar(vtype="C", name= f"I({t},{s})" )
for s in range(S):
    I[-1, s] = 0
    B[-1, s] = 0
model.update()
```

```
for s in range(S):
    model.addConstr(
        f[s] == quicksum(h * I[t, s] + b * B[t, s] for t in range(T)),
        name= f"f_evaluate({s})",
    )
    model.addConstr(V[s] >= f[s] - alpha, name= f"V_evaluate({s})")
    for t in range(T):
        model.addConstr(
            I[t - 1, s] + x[t] + B[t, s] == d[t, s] + I[t, s] + B[t - 1, s],
            name= f"flow_cons({t},{s})",
        )

model.setObjective(
    (1 - risk_ratio)
    * quicksum(
        prob[s] * (h * I[t, s] + b * B[t, s]) for s in range(S) for t in range(T)
    )
    + risk_ratio * (alpha + 1 / (1 - beta) * quicksum(prob[s] * V[s] for s in range(S))),
    GRB.MINIMIZE,
)

model.optimize()
cost = [
    (sum((h * I[t, s].X + b * B[t, s].X) for t in range(T)), prob[s])
    for s in range(S)
]
risk = alpha.X + 1 / (1 - beta) * sum(prob[s] * V[s].X for s in range(S))
```

```
...（略）...

Solved in 57 iterations and 0.01 seconds
Optimal objective  8.252166388e+00
```

19.6 安全在庫配置問題

ここでは，直列多段階システムにおける，安全在庫配置問題を考える．このモデルは以下の仮定に基づく．

- 単一の品目を供給するための在庫点が n 個直列に並んでいるものとする．第 n 段階は原料の調達を表し，第 1 段階は最終需要地点における消費を表す．第 i 段階の在庫点は，第 $i+1$ 段階の在庫点から補充を受ける．
- 各段階は，各期における最終需要地点における需要量だけ補充を行うものとする．
- 第 1 段階で消費される品目の 1 日あたりの需要量は，期待値 μ をもつ定常な分布をもつ．また，t 日間における需要の最大値を $D(t)$ とする．たとえば，需要が平均

値 μ，標準偏差 σ の正規分布にしたがい，意思決定者が品切れする確率を安全係数 $z\,(>0)$ で制御していると仮定したときには，$D(t)$ は

$$D(t) = \mu t + z\sigma\sqrt{t}$$

と書ける．

- 第 i 段階における品目の生産時間は，T_i 日である．T_i には各段階における生産時間の他に，待ち時間および輸送時間も含めて考える．
- 第 i 段階の在庫点は，第 $i-1$ 段階の発注後，ちょうど L_i 日後に品目の補充を行うことを保証しているものとする．これを（第 i 段階の）**保証リード時間** (guaranteed lead time, guaranteed service time) とよぶ．なお，第 1 段階（最終需要地点）における保証リード時間 L_1 は，事前に決められている定数とする．
- 在庫（保管）費用は保管されている在庫量に比例してかかり，第 i 段階における在庫費用は，品目 1 個，1 日あたり $h_i (\in \mathbf{R}_+)$ 円とする．

上の仮定の下で，1 日あたりの在庫費用を最小化するように，各段階における安全在庫レベルと保証リード時間を決めることが，ここで考える問題の目的である．

第 i 段階の在庫点を考える．この地点に在庫を補充するのは，第 $i+1$ 段階の在庫点であり，そのリード時間は L_{i+1} であることが保証されている．したがって，それに T_i を加えたものが，補充の指示を行ってから第 i 段階が生産を完了するまでの時間となる．これを，**補充リード時間**（replenishment lead time）とよぶ．また，第 i 段階は第 $i-1$ 段階に対して，リード時間 L_i で補充することを保証している．したがって，第 i 段階では，補充リード時間から L_i を減じた時間内の最大需要に相当する在庫を保持していれば，在庫切れの心配がないことになる．補充リード時間から L_i を減じた時間（$L_{i+1}+T_i-L_i$）を**正味補充時間**（net replenishment time）とよび，x_i と記す．

第 i 段階における安全在庫量 I_i は，正味補充時間内における最大需要量から平均需要量を減じた量であるので，

$$I_i = D(x_i) - x_i\mu$$

となり，これに h_i を乗じたものが安全在庫費用になる．

第 i 段階の安全在庫費用を正味補充時間 x_i の凹関数として $f_i(x_i)$ とすると，直列多段階安全在庫配置問題は，以下のように定式化できる．

$$
\begin{array}{lll}
minimize & \displaystyle\sum_{i=1}^{n} h_i f(x_i) & \\
s.t. & x_i + L_i - L_{i+1} = T_i & \forall i = 1,2,\ldots,n \\
 & L_{n+1} = 0 & \\
 & L_i \geq 0 & \forall i = 2,3,\ldots,n \\
 & x_i \geq 0 & \forall i = 1,2,\ldots,n
\end{array}
$$

以下では，区分的線形近似を用いた定式化を示す．

```
def make_data():
    n = 30  # number of stages
    z = 1.65  # for 95% service level
    sigma = 100  # demand's standard deviation
    h = {}  # inventory cost
    T = {}  # production lead time
    h[n] = 1
    for i in range(n - 1, 0, -1):
        h[i] = h[i + 1] + random.randint(30, 50)
    K = 0  # number of segments (=sum of processing times)
    for i in range(1, n + 1):
        T[i] = random.randint(3, 5)  # production lead time at stage i
        K += T[i]
    return z, sigma, h, T, K, n


z, sigma, h, T, K, n = make_data()
```

```
def convex_comb_sos(model, a, b):
    """convex_comb_sos -- add piecewise relation with gurobi's SOS constraints
    Parameters:
        - model: a model where to include the piecewise linear relation
        - a[k]: x-coordinate of the k-th point in the piecewise linear relation
        - b[k]: y-coordinate of the k-th point in the piecewise linear relation
    Returns the model with the piecewise linear relation on added variables x, f, and z.
    """
    K = len(a) - 1
    z = {}
    for k in range(K + 1):
        z[k] = model.addVar(
            lb=0, ub=1, vtype="C"
        )  # do not name variables for avoiding clash
    x = model.addVar(lb=a[0], ub=a[K], vtype="C")
    f = model.addVar(lb=-GRB.INFINITY, vtype="C")
    model.update()

    model.addConstr(x == quicksum(a[k] * z[k] for k in range(K + 1)))
    model.addConstr(f == quicksum(b[k] * z[k] for k in range(K + 1)))

    model.addConstr(quicksum(z[k] for k in range(K + 1)) == 1)
    model.addSOS(GRB.SOS_TYPE2, [z[k] for k in range(K + 1)])

    return x, f, z


def ssa(n, h, K, f, T):
    """ssa -- multi-stage (serial) safety stock allocation model
    Parameters:
```

```
        - n: number of stages
        - h[i]: inventory cost on stage i
        - K: number of linear segments
        - f: (non-linear) cost function
        - T[i]: production lead time on stage i
    Returns the model with the piecewise linear relation on added variables x, f, and z.
    """

    model = Model("safety stock allocation")

    # calculate endpoints for linear segments
    a, b = {}, {}
    for i in range(1, n + 1):
        a[i] = [k for k in range(K)]
        b[i] = [f(i, k) for k in range(K)]

    # x: net replenishment time for stage i
    # y: corresponding cost
    # s: piecewise linear segment of variable x
    x, y, s = {}, {}, {}
    L = {}  # service time of stage i
    for i in range(1, n + 1):
        x[i], y[i], s[i] = convex_comb_sos(model, a[i], b[i])
        if i == 1:
            L[i] = model.addVar(ub=0, vtype="C", name="L[%s]" % i)
        else:
            L[i] = model.addVar(vtype="C", name="L[%s]" % i)
    L[n + 1] = model.addVar(ub=0, vtype="C", name="L[%s]" % (n + 1))
    model.update()

    for i in range(1, n + 1):
        # net replenishment time for each stage i
        model.addConstr(x[i] + L[i] == T[i] + L[i + 1])

    model.setObjective(quicksum(h[i] * y[i] for i in range(1, n + 1)), GRB.MINIMIZE)

    model.update()
    model.__data = x, s, L
    return model


def make_data():
    n = 30  # number of stages
    z = 1.65  # for 95% service level
    sigma = 100  # demand's standard deviation
    h = {}  # inventory cost
    T = {}  # production lead time
    h[n] = 1
    for i in range(n - 1, 0, -1):
        h[i] = h[i + 1] + random.randint(30, 50)
```

```
    K = 0  # number of segments (=sum of processing times)
    for i in range(1, n + 1):
        T[i] = random.randint(3, 5)  # production lead time at stage i
        K += T[i]
    return z, sigma, h, T, K, n
```

```
random.seed(1)

z, sigma, h, T, K, n = make_data()

def f(i, k):
    return sigma * z * math.sqrt(k)

model = ssa(n, h, K, f, T)
model.optimize()

x, s, L = model.__data

print("%10s%10s%10s%10s" % ("Stage", "x", "L", "T"))
for i in range(1, n + 1):
    print("%10s%10s%10s%10s" % (i, x[i].X, L[i].X, T[i]))

print("Obj:", model.ObjVal)
```

```
... (略) ...

Explored 1339 nodes (4979 simplex iterations) in 0.38 seconds
Thread count was 16 (of 16 available processors)

Solution count 4: 1.9684e+06 1.97868e+06 2.04734e+06 2.056e+06

Optimal solution found (tolerance 1.00e-04)
Best objective 1.968402336008e+06, best bound 1.968402336008e+06, gap 0.0000%
     Stage         x         L         T
         1      97.0       0.0         3
         2       0.0      94.0         4
         3       0.0      90.0         5
         4       0.0      85.0         3
         5       0.0      82.0         4
         6       0.0      78.0         5
         7       0.0      73.0         3
         8       0.0      70.0         5
         9       0.0      65.0         3
        10       0.0      62.0         4
        11       0.0      58.0         4
        12       0.0      54.0         5
        13       0.0      49.0         3
        14       0.0      46.0         4
```

```
          15       0.0      42.0          3
          16       0.0      39.0          5
          17       0.0      34.0          3
          18       0.0      31.0          4
          19       0.0      27.0          4
          20       0.0      23.0          3
          21       0.0      20.0          4
          22       0.0      16.0          5
          23       0.0      11.0          5
          24       0.0       6.0          3
          25       0.0       3.0          3
          26      17.0       0.0          5
          27       0.0      12.0          5
          28       0.0       7.0          4
          29       0.0       3.0          3
          30       5.0       0.0          5
Obj: 1968402.3360076202
```

19.7 適応型在庫最適化問題

需要だけが不確実性を含んでいる場合には，過去の需要系列の履歴のアフィン関数として発注量を決定する適応型モデルが有効であることが知られている．

ここでは，多期間の確率的在庫モデルを考える．このモデルによって，新聞売り子モデルでは単一期間であったため考慮されなかった複数期間にまたがる影響を考えることができる．また，このモデルは多段階，複数調達などの拡張モデルの基礎となる．

このモデルでは，発注量をシナリオに依存しない変数（即時決定変数）とし，在庫量ならびにバックオーダー量（品切れ量）はシナリオに依存する変数（リコース変数）とする．需要が大きかったり，供給が途絶した場合には，在庫不足のため需要が満たされないことが想定される．この際，顧客が再び品目が到着するまで待ってくれる場合（バックオーダー; backorder）と，需要が消滅してしまう場合（品切れ，販売機会の逸失; lost sales）に分けて考える必要がある（もちろん，顧客需要の一部が逸失し，一部がバックオーダーされるという場合もあるが，ここでは両極端の場合のみを考える）．

以下に定式化に必要な記号を，パラメータ（定数）と変数に分けて記述する．

パラメータ:

- T: 計画期間数．期を表す添え字を $1, 2, \ldots, t, \ldots, T$，添え字の集合を $\Upsilon = \{1, 2, \ldots, T\}$ と記す
- S: 途絶と需要のシナリオの集合．シナリオを表す添え字を s と記す
- h: （品目 1 個あたり，1 期間あたりの）在庫費用
- b: （品目 1 個あたり，1 期間あたりの）バックオーダー費用（品切れ費用）

- M: 発注量の上限．以下では，これを発注の容量とよぶ
- d_t^s: シナリオ s における期 t の品目の需要量
- p_s: シナリオ s の発生確率

変数:

- I_t^s: シナリオ s における期 t の在庫量．より正確に言うと，期 t の期末の在庫量．ここで，I_0^s, B_0^s は定数として与えられているものと仮定する
- B_t^s: シナリオ s における期 t のバックオーダー量（品切れ量）
- x_t: 期 t における発注量

シナリオ s の期 t における発注量を，過去 $j\ (= 1, 2, \ldots, \theta)$ 期の需要の y_j 倍を発注量に加えたアフィン関数とする．

$$X_t^s = \sum_{j=1}^{\min\{t-1,\theta\}} d_{t-j}^s y_j + x_t$$

容量 M が小さい場合には，すべてのシナリオ s に対して $X_t^s \leq M$ を満たすために y_j が 0 になるため，適応型モデルは静的発注モデルと同じ性能を示す．そこで，需要量 d_t^s が容量 M を超過した量 E_t^s の z_j 倍を発注量から減じた以下のアフィン関数を定義する．

$$X_t^s = \sum_{j=1}^{\min\{t-1,\theta\}} \left(d_{t-j}^s y_j - E_{t-j}^s z_j\right) + x_t$$

これは，過去の需要量に対する区分的線形なアフィン関数で発注量を決めていることに他ならない．以下では，この式を用いた適応型モデルを拡張適応型モデルとよぶ．

期待値最小化を目的とした適応型モデルは，以下のように定式化できる．

$$
\begin{array}{lll}
\textit{minimize} & \displaystyle\sum_{s \in S} p_s \sum_{t \in \Upsilon} (hI_t^s + bB_t^s) & \\
s.t. & X_t^s = \displaystyle\sum_{j=1}^{\min\{t-1,\theta\}} \left\{d_{t-j}^s y_j\right\} + x_t & \forall t \in \Upsilon; s \in S \\
 & I_{t-1}^s + \delta_t^s X_t^s + B_t^s = d_t^s + I_t^s + B_{t-1}^s & \forall t \in \Upsilon; s \in S \\
 & 0 \leq X_t^s \leq M & \forall t \in \Upsilon; s \in S \\
 & x_t \geq 0 & \forall t \in \Upsilon \\
 & I_t^s \geq 0 & \forall t \in \Upsilon; s \in S \\
 & B_t^s \geq 0 & \forall t \in \Upsilon; s \in S
\end{array}
$$

品切れ（販売機会逸失）の場合には，上の定式化の 2 番目の制約式を以下のように変更する．

$$I_{t-1}^s + \delta_t^s x_t + B_t^s = d_t^s + I_t^s \quad \forall t \in \Upsilon; s \in S$$

リスクを加味した CVaR 最小化モデルも，同様に構築できる．

$$
\begin{aligned}
&\textit{minimize} \quad && y + \frac{1}{1-\beta} \sum_{s \in S} p_s V_s && \\
&s.t. && f_s = \sum_{t \in \Upsilon} (h I_t^s + b B_t^s) && \forall s \in S \\
& && V_s \geq f_s - y && \forall s \in S \\
& && I_{t-1}^s + \delta_t^s x_t + B_t^s = d_t^s + I_t^s + B_{t-1}^s && \forall t \in \Upsilon; s \in S \\
& && 0 \leq x_t \leq M && \forall t \in \Upsilon \\
& && I_t^s \geq 0 && \forall t \in \Upsilon; s \in S \\
& && B_t^s \geq 0 && \forall t \in \Upsilon; s \in S \\
& && V_s \geq 0 && \forall s \in S
\end{aligned}
$$

適応型モデルは，需要の予測を加味したモデルととらえることができるが，強化学習モデルと考えることもできる．過去のデータをもとに将来の需要や途絶のシナリオを作成し，最適なパラメータベクトル (y, Y, x) を計算（学習）しておき，実際の運用の際には，これらのパラメータを用いて発注量 X を決める．通常の強化学習と異なる点は，将来の需要や途絶のシナリオを作成しておくことであるが，これが難しい場合には，過去のデータをシナリオとして用いて直接パラメータ (y, Y, x) を推定しても良い．

```
def adaptive_inventory(T, h, b, M, mu, sigma, S, d, theta):
    """
    the adaptive invenntory problem:
    theta: threshold for the adaptive policy
    """
    prob = 1.0 / float(S)
    model = Model("robust inv")
    x, X, y, B, I, V, f, z = {}, {}, {}, {}, {}, {}, {}, {}

    beta = 0.8
    risk_ratio = 0.0

    for s in range(S):
        V[s] = model.addVar(
            obj=risk_ratio * prob / (1 - beta), vtype="C", name=f"V({s})"
        )
        f[s] = model.addVar(vtype="C", name=f"f({s})")
    alpha = model.addVar(vtype="C", name="alpha")

    for j in range(1, theta + 1):
        y[j] = model.addVar(lb=-GRB.INFINITY, vtype="C", name=f"y({j})")
        z[j] = model.addVar(lb=-GRB.INFINITY, vtype="C", name=f"z({j})")

    for t in range(T):
        x[t] = model.addVar(vtype="C", name=f"x({t})")

        for s in range(S):
            B[t, s] = model.addVar(vtype="C", name=f"B({t},{s})")
```

```
        I[t, s] = model.addVar(vtype="C", name=f"I({t},{s})")
        X[t, s] = model.addVar(ub=M, vtype="C", name=f"X({t},{s})")

for s in range(S):
    I[-1, s] = 0
model.update()

for s in range(S):
    model.addConstr(
        f[s] == quicksum(h * I[t, s] + b * B[t, s] for t in range(T)),
        name=f"f_evaluate({s})",
    )
    model.addConstr(V[s] >= f[s] - alpha, name=f"V_evaluate({s})")
    for t in range(T):
        model.addConstr(
            X[t, s]
            == quicksum(
                d[t - j, s] * y[j] + max(d[t - j, s] - M, 0) * z[j]
                for j in range(1, theta + 1)
                if t - j >= 0
            )
            + x[t],
            name=f"adaptive({t},{s})",
        )
        model.addConstr(
            I[t - 1, s] + X[t, s] + B[t, s] == d[t, s] + I[t, s],
            name=f"flow_cons({t},{s})",
        )

model.setObjective(
    (1 - risk_ratio)
    * quicksum(
        prob * (h * I[t, s] + b * B[t, s]) for s in range(S) for t in range(T)
    )
    + risk_ratio
    * (alpha + 1 / (1 - beta) * quicksum(prob * V[s] for s in range(S))),
    GRB.MINIMIZE,
)

model.optimize()
print("Opt.value=", model.ObjVal)

for v in y:
    if y[v].X != 0.0:
        print(y[v].VarName, y[v].X)
    if z[v].X != 0.0:
        print(z[v].VarName, z[v].X)

for v in x:
    if x[v].X > 0.001:
```

```
            print(x[v].VarName, x[v].X)
```

```
T = 20  # number of periods
h = 10.0  # holding cost
b = 100.0  # backorder cost
M = 150  # capacity
mu = 100
sigma = 10
S = 100  # number of samples (scenarios)
d = {}
random.seed(1)
# Cyclic demand
weekly_ratio = [0.1, 1.0, 1.2, 1.3, 0.9, 1.5, 0.2]  # 0 means Sunday
cycle = len(weekly_ratio)
yearly_ratio = [1.0 + np.sin(i) for i in range(13)]  # 0 means January

for s in range(S):
    epsilon = 0.0
    for t in range(T):
        epsilon = int(random.gauss(0, sigma))  # normal distribution
        d[t, s] = mu * weekly_ratio[t % cycle] + epsilon

adaptive_inventory(T, h, b, M, mu, sigma, S, d, theta=cycle)
```

```
... (略) ...

Solved in 3023 iterations and 0.53 seconds
Optimal objective  4.960204722e+03
Opt.value= 4960.204721728737
y(1) 0.35613970846152976
z(1) -0.284606499667308
y(2) 0.19757924446948646
z(2) -0.6184490518180146
y(3) -0.07861029377106828
z(3) 0.825749091210528
y(4) -0.09778870283527112
z(4) -0.38605531669688026
y(5) -0.2600991652209573
z(5) 0.6000330398052409
y(6) 0.31069208816206595
z(6) -0.5313681458091305
y(7) 0.007988129291197639
z(7) 0.03056451022021681
x(0) 23.0
x(1) 97.58948524769247
x(2) 77.42234048680473
x(3) 67.25816021731922
x(4) 34.400974116810886
```

```
x(5) 103.87749232218789
x(7) 1.840435249343642
x(8) 98.13874226765668
x(9) 81.2173294986267
x(10) 76.0789201544753
x(12) 91.67809714904129
x(15) 98.09331492793434
x(16) 84.42437667671894
x(17) 76.17637975882525
x(19) 95.6924962734864
```

19.8 複数エシェロン在庫最適化問題

実際の在庫最適化においては，多段階の一般型ネットワークで最適化を行う必要がある．この問題の総称は，**複数エシェロン在庫最適化問題**（multi-echelon inventory optimization problem）とよばれる．この問題は，在庫のシミュレーションと最適化を融合した解法によって，（近似的にではあるが）解くことができる．また上で述べた安全在庫配置問題も，実際問題においては一般のネットワークで求解する必要がある．これらの要件を考慮した在庫最適化の統合システムとして MESSA（MEta Safety Stock Allocation system: `https://www.logopt.com/messa/`）が開発されている．

20 動的ロットサイズ決定問題

• 動的ロットサイズ決定問題に対する定式化とアルゴリズム

20.1 準備

```
import numpy as np
import string
import networkx as nx
import matplotlib.pyplot as plt
from collections import defaultdict
import random
from gurobipy import Model, quicksum, GRB, multidict
# from mypulp import Model, quicksum, GRB, multidict
```

20.2 単一段階・単一品目動的ロットサイズ決定問題

ここでは，複雑な実際問題の基礎となる単一段階・単一品目モデルを考える．単一段階・単一品目の**動的ロットサイズ決定問題**（dynamic lotsizing problem）の基本形は，以下の仮定をもつ．

- 期によって変動する需要量をもつ単一の品目を扱う．
- 品目を生産する際には，生産数量に依存しない固定費用と数量に比例する変動費用がかかる．
- 計画期間はあらかじめ決められており，最初の期における在庫量（初期在庫量）は 0 とする．この条件は，実際には任意の初期在庫量をもつように変形できるが，以下では議論を簡略化するため，初期在庫量が 0 であると仮定する．
- 次の期に持ち越した品目の量に比例して在庫（保管）費用がかかる．

- 生産時間は 0 とする．これは，生産を行ったその期にすぐに需要を満たすことができることを表す．（生産ではなく）発注を行う場合には，発注すればすぐに商品が届くこと，言い換えればリード時間が 0 であることに相当する．
- 各期の生産可能量には上限がある．
- 生産固定費用，生産変動費用，ならびに在庫費用の合計を最小にするような生産方策を決める．

問題を明確にするために，単一段階・単一品目のモデルの定式化を示す．以下に定式化に必要な記号を，パラメータ（定数）と変数に分けて記述する．

パラメータ:

- T: 計画期間数．期を表す添え字を $1, 2, \ldots, t, \ldots, T$ と記す
- f_t: 期 t において生産を行うために必要な段取り（固定）費用
- c_t: 期 t における品目 1 個あたりの生産変動費用
- h_t: 期 t における（品目 1 個あたり，1 期間あたりの）在庫費用
- d_t: 期 t における品目の需要量
- M_t: 期 t における生産可能量の上限．これを生産の容量とよぶこともある

変数:

- I_t: 期 t における在庫量．より正確に言うと，期 t の期末の在庫量
- x_t: 期 t における生産量
- y_t: 期 t に生産を行うとき 1，それ以外のとき 0 を表す 0-1 変数

上の記号を用いると，単一段階・単一品目の動的ロットサイズ決定問題の基本形は，以下のように定式化できる．

$$
\begin{array}{lll}
minimize & \displaystyle\sum_{t=1}^{T} (f_t y_t + c_t x_t + h_t I_t) & \\
s.t. & I_{t-1} + x_t - I_t = d_t & \forall t = 1, \ldots, T \\
 & x_t \leq M_t y_t & \forall t = 1, \ldots, T \\
 & I_0 = 0 & \\
 & x_t, I_t \geq 0 & \forall t = 1, \ldots, T \\
 & y_t \in \{0, 1\} & \forall t = 1, \ldots, T
\end{array}
$$

上の定式化で，最初の制約式は，各期における品目の在庫保存式であり，前期からの繰り越しの在庫量 I_{t-1} に今期の生産量 x_t を加え，需要量 d_t を減じたものが，来期に持ち越す在庫量 I_t であることを意味する．2 番目の制約式は，生産を行わない期における生産量が 0 であり，生産を行う期においては，その上限が M_t 以下であることを保証するための式である．3 番目の制約式は，初期在庫量が 0 であることを表す．

各期の生産可能量に制約がない場合には，容量制約なしのロットサイズ決定モデル

もしくは発案者の名前をとって Wagner–Whitin モデルとよばれる．

20.2.1 動的最適化による求解

容量制約なしの単一段階・単一品目のロットサイズ決定モデルは，動的最適化を適用することによって，効率的に解くことができる．

$1,\ldots,j$ 期までの需要を満たすときの最小費用を $F(j)$ と書く．初期（境界）条件は，仮想の期 0 を導入することによって，

$$F(0) = 0$$

と書ける．再帰方程式は，期 j までの最小費用が，期 $i\ (< j)$ までの最小費用に，期 $i+1$ に生産を行うことによって期 $i+1$ から j までの需要をまかなうときの費用 $f_{i+1} + c_{i+1}\left(\sum_{t=i+1}^{j} d_t\right) + \sum_{s=i+1}^{j-1} h_s \sum_{t=s+1}^{j} d_t$ を加えたものになることから，

$$F(j) = \min_{i\in\{1,\ldots,j-1\}} \left\{ F(i) + f_{i+1} + c_{i+1}\left(\sum_{t=i+1}^{j} d_t\right) + \sum_{s=i+1}^{j-1} h_s \sum_{t=s+1}^{j} d_t \right\}$$

と書ける．上の再帰方程式を $j = 1, 2, \ldots, T$ の順に計算することによって，もとの問題の最適費用 $F(T)$ を得ることができる．

以下に示すのは，高速化を施した動的最適化であり，ほとんどの問題例に対して $O(T)$ 時間で終了する．

```
# Wagner-Whitin's dynamic programming algorithm
# based on Evans' forward fast implementation
T = 5
fixed = [3, 3, 3, 3, 3]
variable = [1, 1, 3, 3, 3]
demand = [5, 7, 3, 6, 4]
h = [1 for i in range(T)]
F = [9999999 for i in range(T)]
for i in range(T):
    if i == 0:
        cum = fixed[i] + variable[i] * demand[i]
    else:
        cum = F[i - 1] + fixed[i] + variable[i] * demand[i]
    cumh = 0
    for j in range(i, T):
        if cum < F[j]:
            F[j] = cum
        if j == (T - 1):
            break
        cumh += h[j]
        cum += (variable[i] + cumh) * demand[j + 1]
        if (
            fixed[j + 1] + variable[j + 1] * demand[j + 1]
```

```
            < (variable[i] + cumh) * demand[j + 1]
        ):
            break
print("Optimal Value=", F[T - 1])
```

```
Optimal Value= 57
```

20.3 単段階多品目動的ロットサイズ決定問題

ここでは，施設配置定式化とよばれる強化された定式化を示す．

我々の想定しているロットサイズ決定問題では品切れは許さないので，期 t の需要は，期 t もしくはそれ以前の期で生産された量でまかなわれなければならない．そこで各品目 p に対して，期 t の需要のうち，期 s $(s \leq t)$ の生産によってまかなわれた量を表す変数 X_{st}^p を導入する．

需要 1 単位あたりの変動費用は，生産変動費用 c_s^p と在庫費用 $\sum_{\ell=s}^{t-1} h_\ell^p$ の和になるので，X_{st}^p の係数 C_{st}^p は，以下のように定義される．

$$C_{st}^p = c_s^p + \sum_{\ell=s}^{t-1} h_\ell^p \quad \forall p \in P$$

すべての需要は満たされなければならず，また $X_{st}^p > 0$ のときには期 s で生産しなければならないので，$y_s^p = 1$ となる．ここで，y_t^p は前節の標準定式化における段取りの有無を表す 0-1 変数で，品目 p を期 t に生産をするときに 1，それ以外のとき 0 を表すことを思い起こされたい．よって，以下の定式化を得る．

$$\begin{array}{lll}
minimize & \displaystyle\sum_{st:s \leq t} \sum_{p \in P} C_{st}^p X_{st}^p + \sum_{t=1}^{T} \sum_{p \in P} f_t^p y_t^p & \\
s.t. & \displaystyle\sum_{s=1}^{t} X_{st}^p = d_t^p & \forall p \in P, t = 1, 2, \ldots, T \\
& \displaystyle\sum_{p \in P} \sum_{j:j \geq t} X_{tj}^p + \sum_{p \in P} g_t^p y_t^p \leq M_t & \forall t = 1, 2, \ldots, T \\
& X_{st}^p \leq d_t^p y_s^p & \forall p \in P, s = 1, 2, \ldots, t, t = 1, 2, \ldots, T \\
& X_{st}^p \geq 0 & \forall p \in P, s = 1, 2, \ldots, t, t = 1, 2, \ldots, T \\
& y_t^p \in \{0, 1\} & \forall p \in P, t = 1, 2, \ldots, T
\end{array}$$

最初の制約は，各期の品目の需要が満たされることを規定する式であり，2 番目の制約は，各期の生産時間の上限を表す．3 番目の式は，品目が段取りを行わない期には生産ができないことを表す．

以下にベンチマーク用のデータ生成のコードと，数理最適化ソルバーによる最適化のためのコードを示す．

問題例の難しさは期数 T，品目数 N と引数 factor で制御される．factor が 0.75 のとき緩い制約の簡単な問題例になり，1.1 のとききつい制約の難しい問題例となる．

```
def trigeiro(T, N, factor):
    """
    Data generator for the multi-item lot-sizing problem
    it uses a simular algorithm for generating the standard benchmarks in:
    "Capacitated Lot Sizing with Setup Times" by
    William W. Trigeiro, L. Joseph Thomas, John O. McClain
    MANAGEMENT SCIENCE
    Vol. 35, No. 3, March 1989, pp. 353-366

    Parameters:
        - T: number of periods
        - N: number of products
        - factor: value for controlling constraining factor of capacity:
            - 0.75:  lightly-constrained instances
            - 1.10:  constrained instances
    """
    random.seed(123)
    P = range(1, N + 1)
    f, g, c, d, h, M = {}, {}, {}, {}, {}, {}

    sumT = 0
    for t in range(1, T + 1):
        for p in P:
            # setup times
            g[t, p] = 10 * random.randint(1, 5)  # 10, 50: trigeiro's values

            # set-up costs
            f[t, p] = 100 * random.randint(1, 10)  # checked from Wolsey's instances
            c[t, p] = 0  # variable costs

            # demands
            d[t, p] = 100 + random.randint(-25, 25)  # checked from Wolsey's instances
            if t <= 4:
                if random.random() < 0.25:  # trigeiro's parameter
                    d[t, p] = 0
            sumT += (
                g[t, p] + d[t, p]
            )  # sumT is the total capacity usage in the lot-for-lot solution
            h[t, p] = random.randint(
                1, 5
            )  # holding costs; checked from Wolsey's instances

    for t in range(1, T + 1):
        M[t] = int(float(sumT) / float(T) / factor)
```

```
    return P, f, g, c, d, h, M


def mils_fl(T, P, f, g, c, d, h, M):
    """
    mils_fl: facility location formulation for the multi-item lot-sizing problem

    Requires more variables, but gives a better solution because LB is
    better than the standard formulation.  It can be used as a
    heuristic method that is sometimes better than relax-and-fix.

    Parameters:
        - T: number of periods
        - P: set of products
        - f[t,p]: set-up costs (on period t, for product p)
        - g[t,p]: set-up times
        - c[t,p]: variable costs
        - d[t,p]: demand values
        - h[t,p]: holding costs
        - M[t]:   resource upper bound on period t
    Returns a model, ready to be solved.
    """
    Ts = range(1, T + 1)

    model = Model("multi-item lotsizing -- facility location formulation")

    y, X = {}, {}
    for p in P:
        for t in Ts:
            y[t, p] = model.addVar(vtype="B", name="y(%s,%s)" % (t, p))
            for s in range(1, t + 1):
                X[s, t, p] = model.addVar(name="X(%s,%s,%s)" % (s, t, p))
    model.update()

    for t in Ts:
        # capacity constraints
        model.addConstr(
            quicksum(X[t, s, p] for s in range(t, T + 1) for p in P)
            + quicksum(g[t, p] * y[t, p] for p in P)
            <= M[t],
            "Capacity(%s)" % (t),
        )
        for p in P:
            # demand satisfaction constraints
            model.addConstr(
                quicksum(X[s, t, p] for s in range(1, t + 1)) == d[t, p],
                "Demand(%s,%s)" % (t, p),
            )
            # connection constraints
            for s in range(1, t + 1):
```

```
                model.addConstr(
                    X[s, t, p] <= d[t, p] * y[s, p], "Connect(%s,%s,%s)" % (s, t, p)
                )

    C = {}  # variable costs plus holding costs
    for p in P:
        for s in Ts:
            sumC = 0
            for t in range(s, T + 1):
                C[s, t, p] = c[s, p] + sumC
                sumC += h[t, p]

    model.setObjective(
        quicksum(f[t, p] * y[t, p] for t in Ts for p in P)
        + quicksum(
            C[s, t, p] * X[s, t, p] for t in Ts for p in P for s in range(1, t + 1)
        ),
        GRB.MINIMIZE,
    )
    model.update()
    model.__data = y, X

    return model
```

```
T, N, factor = 15, 16, 1.1 #0.75
P, f, g, c, d, h, M = trigeiro(T, N, factor)
model = mils_fl(T, P, f, g, c, d, h, M)
model.optimize()
print("Opt.value=", model.ObjVal)
y, X = model.__data
```

```
... (略) ...

Cutting planes:
  Cover: 1
  MIR: 115
  Flow cover: 3

Explored 5811 nodes (136611 simplex iterations) in 4.36 seconds
Thread count was 16 (of 16 available processors)

Solution count 8: 79551 79571 79629 ... 85718

Optimal solution found (tolerance 1.00e-04)
Best objective 7.955100000000e+04, best bound 7.955100000000e+04, gap 0.0000%
Opt.value= 79551.0
```

20.4 多段階多品目動的ロットサイズ決定問題

ここでは，多段階にわたって多品目の製造を行うときのロットサイズ決定問題を考え，2 つの定式化を与える．

20.4.1 標準定式化

集合:

- $\{1 \ldots T\}$: 期間の集合
- P : 品目の集合（完成品と部品や原材料を合わせたものを「品目」と定義する）
- K : 生産を行うのに必要な資源（機械，生産ライン，工程などを表す）の集合
- P_k : 資源 k で生産される品目の集合
- $Parent_p$: 部品展開表における品目（部品または材料）p の親品目の集合．言い換えれば，品目 p から製造される品目の集合

パラメータ:

- T: 計画期間数．期を表す添え字を $1, 2, \ldots, t, \ldots, T$ と記す
- f_t^p : 期 t に品目 p に対する段取り替え（生産準備）を行うときの費用（段取り費用）
- g_t^p : 期 t に品目 p に対する段取り替え（生産準備）を行うときの時間（段取り時間）
- c_t^p : 期 t における品目 p の生産変動費用
- h_t^p : 期 t から期 $t+1$ に品目 p を持ち越すときの単位あたりの在庫費用
- d_t^p : 期 t における品目 p の需要量
- ϕ_{pq} : $q \in Parent_p$ のとき，品目 q を 1 単位製造するのに必要な品目 p の数（p-units）．ここで，p-units とは，品目 q の 1 単位と混同しないために導入された単位であり，品目 p の 1 単位を表す．ϕ_{pq} は，部品展開表を有向グラフ表現したときには，枝の重みを表す
- M_t^k : 期 t における資源 k の使用可能な生産時間の上限． 定式化では，品目 1 単位の生産時間を 1 単位時間になるようにスケーリングしてあるものと仮定しているが，プログラム内では単位生産量あたりの生産時間を定義している
- UB_t^p : 期 t における品目 p の生産時間の上限品目 p を生産する資源が k のとき，資源の使用可能時間の上限 M_t^k から段取り替え時間 g_t^p を減じたものと定義される

変数:

- x_t^p（x）: 期 t における品目 p の生産量
- I_t^p（inv）: 期 t における品目 p の在庫量
- y_t^p（y）: 期 t に品目 p に対する段取りを行うとき 1， それ以外のとき 0 を表す 0-1

変数

上の記号を用いると，多段階ロットサイズ決定モデルは，以下のように定式化できる．

$$
\begin{array}{lll}
minimize & \sum_{t=1}^{T} \sum_{p \in P} \left(f_t^p y_t^p + c_t^p x_t^p + h_t^p I_t^p \right) & \\
s.t. & I_{t-1}^p + x_t^p = d_t^p + \sum_{q \in Parent_p} \phi_{pq} x_t^q + I_t^p & \forall p \in P, t = 1, \ldots, T \\
 & \sum_{p \in P_k} x_t^p + \sum_{p \in P_k} g_t^p y_t^p \leq M_t^k & \forall k \in K, t = 1, \ldots, T \\
 & x_t^p \leq UB_t^p y_t^p & \forall p \in P, t = 1, \ldots, T \\
 & I_0^p = 0 & \forall p \in P \\
 & x_t^p, I_t^p \geq 0 & \forall p \in P, t = 1, \ldots, T \\
 & y_t \in \{0, 1\} & \forall t = 1, \ldots, T
\end{array}
$$

上の定式化で，最初の制約式は，各期および各品目に対する在庫の保存式を表す．より具体的には，品目 p の期 $t-1$ からの在庫量 I_{t-1}^p と生産量 x_t^p を加えたものが，期 t における需要量 d_t^p，次期への在庫量 I_t^p，および他の品目を生産するときに必要な量 $\sum_{q \in Parent_p} \phi_{pq} x_t^q$ の和に等しいことを表す．

2 番目の制約は，各期の生産時間の上限制約を表す． 定式化ではすべての品目の生産時間は，1 単位あたり 1 時間になるようにスケーリングしてあると仮定していたが，実際問題のモデル化の際には，品目 p を 1 単位生産されるときに，資源 r を使用する時間を用いた方が汎用性がある．

3 番目の式は，段取り替えをしない期は生産できないことを表す．

```
def mils_standard(T, K, P, f, g, c, d, h, a, M, UB, phi):
    """
    mils_standard: standard formulation for the multi-item, multi-stage lot-sizing ↩
      problem

    Parameters:
        - T: number of periods
        - K: set of resources
        - P: set of items
        - f[t,p]: set-up costs (on period t, for product p)
        - g[t,p]: set-up times
        - c[t,p]: variable costs
        - d[t,p]: demand values
        - h[t,p]: holding costs
        - a[t,k,p]: amount of resource k for producing p in period t
        - M[t,k]: resource k upper bound on period t
        - UB[t,p]: upper bound of production time of product p in period t
        - phi[(i,j)]: units of i required to produce a unit of j (j parent of i)
    """
    model = Model("multi-stage lotsizing -- standard formulation")
```

```
y, x, I = {}, {}, {}
Ts = range(1, T + 1)
for p in P:
    for t in Ts:
        y[t, p] = model.addVar(vtype="B", name="y(%s,%s)" % (t, p))
        x[t, p] = model.addVar(vtype="C", name="x(%s,%s)" % (t, p))
        I[t, p] = model.addVar(vtype="C", name="I(%s,%s)" % (t, p))
    I[0, p] = model.addVar(name="I(%s,%s)" % (0, p))
model.update()

for t in Ts:
    for p in P:
        # flow conservation constraints
        model.addConstr(
            I[t - 1, p] + x[t, p]
            == quicksum(phi[p, q] * x[t, q] for (p2, q) in phi if p2 == p)
            + I[t, p]
            + d[t, p],
            "FlowCons(%s,%s)" % (t, p),
        )

        # capacity connection constraints
        model.addConstr(x[t, p] <= UB[t, p] * y[t, p], "ConstrUB(%s,%s)" % (t, p))

    # time capacity constraints
    for k in K:
        model.addConstr(
            quicksum(a[t, k, p] * x[t, p] + g[t, p] * y[t, p] for p in P)
            <= M[t, k],
            "TimeUB(%s,%s)" % (t, k),
        )

# initial inventory quantities
for p in P:
    model.addConstr(I[0, p] == 0, "InventInit(%s)" % (p))

model.setObjective(
    quicksum(
        f[t, p] * y[t, p] + c[t, p] * x[t, p] + h[t, p] * I[t, p]
        for t in Ts
        for p in P
    ),
    GRB.MINIMIZE,
)

model.update()
model.__data = y, x, I
return model
```

```
def calc_rho(phi):
    D = SCMGraph()
    D.add_weighted_edges_from([(i, j, phi[i, j]) for (i, j) in phi])
    ancestors = D.find_ancestors()
    rho = defaultdict(float)
    for v in D.up_order():
        for w in D.succ[v]:
            for q in ancestors[v]:
                if q in ancestors[w]:
                    if w == q:
                        rho[v, q] = phi[v, w]
                    else:
                        rho[v, q] += rho[w, q] * phi[v, w]
    return rho


def mils_echelon(T, K, P, f, g, c, d, h, a, M, UB, phi):
    """
    mils_echelon: echelon formulation for the multi-item, multi-stage lot-sizing ↩
     problem

    Parameters:
        - T: number of periods
        - K: set of resources
        - P: set of items
        - f[t,p]: set-up costs (on period t, for product p)
        - g[t,p]: set-up times
        - c[t,p]: variable costs
        - d[t,p]: demand values
        - h[t,p]: holding costs
        - a[t,k,p]: amount of resource k for producing p in period t
        - M[t,k]: resource k upper bound on period t
        - UB[t,p]: upper bound of production time of product p in period t
        - phi[(i,j)]: units of i required to produce a unit of j (j parent of i)
    """
    rho = calc_rho(
        phi
    )  # rho[(i,j)]: units of i required to produce a unit of j (j ancestor of i)

    model = Model("multi-stage lotsizing -- echelon formulation")
    y, x, E, H = {}, {}, {}, {}
    Ts = range(1, T + 1)
    for p in P:
        for t in Ts:
            y[t, p] = model.addVar(vtype="B", name="y(%s,%s)" % (t, p))
            x[t, p] = model.addVar(vtype="C", name="x(%s,%s)" % (t, p))
            H[t, p] = h[t, p] - sum([h[t, q] * phi[q, p] for (q, p2) in phi if p2 == p])
            E[t, p] = model.addVar(
                vtype="C", name="E(%s,%s)" % (t, p)
            )  # echelon inventory
```

```
        E[0, p] = model.addVar(vtype="C", name="E(%s,%s)" % (0, p)) # echelon inventory
    model.update()

    for t in Ts:
        for p in P:
            # flow conservation constraints
            dsum = d[t, p] + sum([rho[p, q] * d[t, q] for (p2, q) in rho if p2 == p])
            model.addConstr(
                E[t - 1, p] + x[t, p] == E[t, p] + dsum, "FlowCons(%s,%s)" % (t, p)
            )

            # capacity connection constraints
            model.addConstr(x[t, p] <= UB[t, p] * y[t, p], "ConstrUB(%s,%s)" % (t, p))

        # time capacity constraints
        for k in K:
            model.addConstr(
                quicksum(a[t, k, p] * x[t, p] + g[t, p] * y[t, p] for p in P)
                <= M[t, k],
                "TimeUB(%s,%s)" % (t, k),
            )

    # calculate echelon quantities
    for p in P:
        model.addConstr(E[0, p] == 0, "EchelonInit(%s)" % (p))
        for t in Ts:
            model.addConstr(
                E[t, p] >= quicksum(phi[p, q] * E[t, q] for (p2, q) in phi if p2 == p),
                "EchelonLB(%s,%s)" % (t, p),
            )

    model.setObjective(
        quicksum(
            f[t, p] * y[t, p] + c[t, p] * x[t, p] + H[t, p] * E[t, p]
            for t in Ts
            for p in P
        ),
        GRB.MINIMIZE,
    )

    model.update()
    model.__data = y, x, E
    return model
```

■ 20.4.2 多段階モデルの問題例の生成

```
def mk_instance(seed, NPERIODS, NRESOURCES, MAXPATHS, MAXPATHLEN, factor):
    random.seed(seed)
    np.random.seed(seed)
```

```
random_state = np.random.RandomState(42)

G = nx.DiGraph()
G.add_node(0)  # super-source node (to be removed in the end)
G.add_node(-1)  # super-target node (to be removed in the end)
NPATHS = random.randint(1, MAXPATHS)
for i in range(NPATHS):
    # determing inserting points for a new path in the current graph
    paths = list(nx.all_simple_paths(G, source=0, target=-1))
    if paths:
        path = random.choice(paths)
        src = random.randint(0, len(path) - 2)
        tgt = random.randint(src + 1, len(path) - 1)

    # construct path and insert it in the graph
    c = f"{i}-"
    N = random.randint(1, MAXPATHLEN)
    Gi = nx.path_graph(N, create_using=nx.DiGraph)
    map = {j: f"{c}{j}" for j in Gi.nodes()}
    nx.relabel_nodes(Gi, map, copy=False)
    G = nx.compose(Gi, G)
    G.add_edge(0, f"{c}0")
    G.add_edge(f"{c}{N-1}", -1)

    # connect new path to points (src, tgt) on previous paths
    if paths:
        G.add_edge(path[src], f"{c}0")
        G.add_edge(f"{c}{N-1}", path[tgt])

# remove super-source and super-target nodes, relabel the others
G.remove_node(0)
G.remove_node(-1)
mapping = {node: (i + 1) for (i, node) in enumerate(nx.topological_sort(G))}
nx.relabel_nodes(G, mapping, copy=False)
for (i, j) in sorted(G.edges()): # "sorted" is necessary for deterministic behavior
    G.edges[i, j]["phi"] = random.randint(1, 5)

# create lot-sizing data
# start by determining the set of products and conversion (phi)
PRODUCTS = sorted(
    list(G.nodes())
)  # "sorted" is necessary for deterministic behavior
FINAL = [i for i in PRODUCTS if G.out_degree(i) == 0]
phi = nx.get_edge_attributes(G, "phi")

# now, prepare data for the graph generated
T = NPERIODS
NPRODUCTS = len(PRODUCTS)
PERIODS = range(1, NPERIODS + 1)
K = range(1, NRESOURCES + 1)
```

```
f, g, c, d, h, UB, a, M = {}, {}, {}, {}, {}, {}, {}, {}
for t in PERIODS:
    for p in PRODUCTS:
        if p in FINAL:
            d[t, p] = random.randint(0, 10)
        else:
            d[t, p] = 0

# draw resources required and setup times
a = {(t, k, p): random.randint(0, 3) for t in PERIODS for k in K for p in PRODUCTS}
g = {(t, p): random.randint(1, 3) for t in PERIODS for p in PRODUCTS}

# determine total demand, following graph from target to source
# follow path from final products to raw materials
v = set()
for (i, j) in phi:
    v.add(i)
    v.add(j)
pred, succ = {}, {}
for i in v:
    pred[i] = set()
    succ[i] = set()
for (i, j) in phi:
    pred[j].add(i)
    succ[i].add(j)
# set of vertices corresponding to end products:
final = set(i for i in v if len(succ[i]) == 0)

demand = defaultdict(int)
for t in PERIODS:
    for p in final:
        demand[t, p] = d[t, p]
    curr = set(final)
    done = set()
    while len(curr) > 0:
        q = curr.pop()
        done.add(q)
        prev = pred[q]
        for p in prev:
            demand[t, p] += phi[p, q] * demand[t, q]
            for s in succ[p]:
                if s not in done:
                    break
            else:  # no break
                curr.add(p)
total_demand = {p: sum(demand[t, p] for t in PERIODS) for p in PRODUCTS}
total_M = sum(
    a[t, k, p] * demand[t, p] + g[t, p]
    for t in PERIODS
    for k in K
```

```
        for p in PRODUCTS
    )
    M = {
        (t, k): int(0.5 + total_M / (NPERIODS * NRESOURCES) / factor)
        for t in PERIODS
        for k in K
    }
    UB = {
        (t, p): int(0.5 + total_M / (NPERIODS * NPRODUCTS) / factor)
        for t in PERIODS
        for p in PRODUCTS
    }

    # draw costs
    for t in range(1, NPERIODS + 1):
        for p in PRODUCTS:
            f[t, p] = 100 + 10 * random.randint(1, 10)
            c[t, p] = random.randint(1, 10)
            h[t, p] = random.randint(1, 10) / 100

    return T, K, PRODUCTS, f, g, c, d, h, a, M, UB, phi
```

```
seed = 12
NRESOURCES = 3
NPERIODS = 5
MAXPATHS = 10
MAXPATHLEN = 3

T, K, P, f, g, c, d, h, a, M, UB, phi = mk_instance(
    seed, NPERIODS, NRESOURCES, MAXPATHS, MAXPATHLEN, factor=0.5
)
```

エシェロン在庫モデルで用いる SCMGraph クラスを準備しておく．このクラスを用いて，部品展開表を綺麗に描画することができる．

```
class SCMGraph(nx.DiGraph):
    """
    SCMGraph is a class of directed graph with edge weight that can be any object.
    """

    def layout(self):
        """
        Compute x,y coordinates for the supply chain
           The algorithm is based on a simplified version of Sugiyama's method.
           First assign each node to the (minimum number of) layers;
           Then compute the y coordinate by computing the means of y-values
           of adjacent nodes
           return the dictionary of (x,y) positions of the nodes
        """
```

```
        longest_path = nx.dag_longest_path(self)
        LayerLB = {}
        pos = {}
        MaxLayer = len(longest_path)
        candidate = set([i for i in self]) - set(longest_path)
        for i in candidate:
            LayerLB[i] = 0

        Layer = defaultdict(list)
        for i, v in enumerate(longest_path):
            Layer[i] = [v]
            LayerLB[v] = i
            for w in self.successors(v):
                if w in candidate:
                    LayerLB[w] = LayerLB[v] + 1

        L = list(nx.topological_sort(self))

        for v in L:
            if v in candidate:
                Layer[LayerLB[v]].append(v)
                candidate.remove(v)
                for w in self.successors(v):
                    if w in candidate:
                        LayerLB[w] = max(LayerLB[v] + 1, LayerLB[w])

        MaxLayer = len(Layer)
        for i in range(MaxLayer + 1):
            if i == 0:
                j = 0
                for v in Layer[i]:
                    pos[v] = (i, j)
                    j += 1
            else:
                tmplist = []
                for v in Layer[i]:
                    sumy = 0.0
                    j = 0.0
                    for w in self.predecessors(v):
                        (ii, jj) = pos[w]
                        sumy += jj
                        j += 1.0
                    if j != 0:
                        temp = sumy / j
                    else:
                        temp = j
                    tmplist.append((temp, v))
                tmplist.sort()
                order = [v for (_, v) in tmplist]
                j = 0
```

```
            for v in Layer[i]:
                pos[order[j]] = (i, j)
                j += 1
        return pos

    def up_order(self):
        """
        Generator fuction in the reverse topological order
        generate the order of nodes from to demand points to suppliers
        """
        degree0 = []
        degree = {}
        for v in self:
            if self.out_degree(v) == 0:
                degree0.append(v)
            else:
                degree[v] = self.out_degree(v)
        while degree0:
            v = degree0.pop()
            yield v
            # print v
            for w in self.predecessors(v):
                degree[w] -= 1
                if degree[w] == 0:
                    degree0.append(w)

    def find_ancestors(self):
        """
        find the ancestors based on the BOM graph
        The set of ancestors of node i is the set of nodes that are reachable from ↩
     node i (including i).
        """
        ancestors = {v: set([]) for v in self}
        for v in self.up_order():
            ancestors[v] = ancestors[v] | set([v])
            for w in self.successors(v):
                ancestors[v] = ancestors[v] | ancestors[w]
        return ancestors
```

```
D = SCMGraph()
D.add_weighted_edges_from([(i, j, phi[i, j]) for (i, j) in phi])
pos = D.layout()
nx.draw(D, pos=pos, with_labels=True)
```

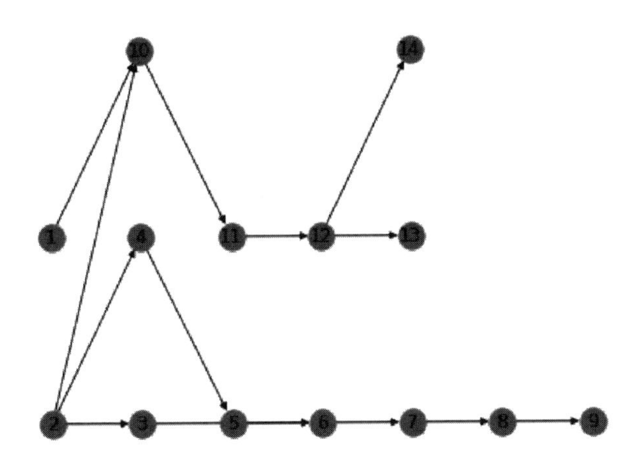

上で生成したデータを標準定式化を用いて求解する.

```
print("\n\nstandard model")
model = mils_standard(T, K, P, f, g, c, d, h, a, M, UB, phi)
model.optimize()

status = model.Status
if status == GRB.Status.UNBOUNDED:
    print("The model cannot be solved because it is unbounded")
elif status == GRB.Status.OPTIMAL:
    print("Opt.value=", model.ObjVal)
    standard = model.ObjVal
    y, x, I = model.__data
    print("%7s%7s%7s%7s%12s%12s" % ("prod", "t", "dem", "y", "x", "I"))
    for p in P:
        print("%7s%7s%7s%7s%12s%12s" % (p, 0, "-", "-", "-", round(I[0, p].X, 5)))
        for t in range(1, T + 1):
            print(
                "%7s%7s%7s%7s%12s%12s"
                % (
                    p,
                    t,
                    d[t, p],
                    int(y[t, p].X + 0.5),
                    round(x[t, p].X, 5),
                    round(I[t, p].X, 5),
                )
            )
    for k in K:
        for t in range(1, T + 1):
            print(
                "resource %3s used in period %s: %12s / %-9s"
```

```
                % (
                    k,
                    t,
                    sum(a[t, k, p] * x[t, p].X + g[t, p] * y[t, p].X for p in P),
                    M[t, k],
                )
            )

elif status != GRB.Status.INF_OR_UNBD and status != GRB.Status.INFEASIBLE:
    print("Optimization was stopped with status", status)
else:
    print("The model is infeasible; computing IIS")
    model.computeIIS()
    print("\nThe following constraint(s) cannot be satisfied:")
    for cnstr in model.getConstrs():
        if cnstr.IISConstr:
            print(cnstr.ConstrName)
```

```
standard model

... (略) ...

Cutting planes:
  Gomory: 17
  Cover: 2
  Implied bound: 11
  MIR: 10
  Flow cover: 26
  Relax-and-lift: 2

Explored 1 nodes (273 simplex iterations) in 0.04 seconds
Thread count was 16 (of 16 available processors)

Solution count 3: 245537 245665 245691

Optimal solution found (tolerance 1.00e-04)
Best objective 2.455368426667e+05, best bound 2.455368426667e+05, gap 0.0000%
Opt.value= 245536.8426666669
   prod      t    dem       y           x           I
      1      0      -       -           -         0.0
      1      1      0       1       600.0         0.0
      1      2      0       1  1971.33333   171.33333
      1      3      0       0         0.0   171.33333
      1      4      0       1  2153.66667         0.0
      1      5      0       0         0.0         0.0
      2      0      -       -           -         0.0
      2      1      0       1      6112.0         0.0
      2      2      0       1      4074.0       474.0
      2      3      0       1      6112.0      4938.0
```

```
 2     4     0     1     6112.0       0.0
 2     5     0     1     4536.0       0.0
 3     0     -     -          -       0.0
 3     1     0     1      160.0     128.0
 3     2     0     0        0.0     128.0
 3     3     0     0        0.0      80.0
 3     4     0     0        0.0       0.0
 3     5     0     1       56.0       0.0
 4     0     -     -          -       0.0
 4     1     0     1      950.4       0.0
 4     2     0     0        0.0       0.0
 4     3     0     1      329.6       0.0
 4     4     0     1     1280.0       0.0
 4     5     0     1      896.0       0.0
 5     0     -     -          -       0.0
 5     1     0     1      237.6     109.6
 5     2     0     0        0.0     109.6
 5     3     0     1       82.4       0.0
 5     4     0     1      320.0       0.0
 5     5     0     1      224.0       0.0
 6     0     -     -          -       0.0
 6     1     0     1       32.0       0.0
 6     2     0     0        0.0       0.0
 6     3     0     1       48.0       0.0
 6     4     0     1       80.0       0.0
 6     5     0     1       56.0       0.0
 7     0     -     -          -       0.0
 7     1     0     1       32.0       0.0
 7     2     0     0        0.0       0.0
 7     3     0     1       48.0       0.0
 7     4     0     1       80.0       0.0
 7     5     0     1       56.0       0.0
 8     0     -     -          -       0.0
 8     1     0     1        8.0       0.0
 8     2     0     0        0.0       0.0
 8     3     0     1       12.0       0.0
 8     4     0     1       20.0       0.0
 8     5     0     1       14.0       0.0
 9     0     -     -          -       0.0
 9     1     2     1        4.0       2.0
 9     2     2     0        0.0       0.0
 9     3     6     1        6.0       0.0
 9     4    10     1       10.0       0.0
 9     5     7     1        7.0       0.0
10     0     -     -          -       0.0
10     1     0     1      600.0       0.0
10     2     0     1     1800.0       0.0
10     3     0     0        0.0       0.0
10     4     0     1     2325.0       0.0
10     5     0     0        0.0       0.0
```

```
      11    0    -    -        -        0.0
      11    1    0    1    120.0        0.0
      11    2    0    1    360.0        0.0
      11    3    0    0      0.0        0.0
      11    4    0    1    465.0        0.0
      11    5    0    0      0.0        0.0
      12    0    -    -        -        0.0
      12    1    0    1     40.0        0.0
      12    2    0    1    120.0        0.0
      12    3    0    0      0.0        0.0
      12    4    0    1    155.0        0.0
      12    5    0    0      0.0        0.0
      13    0    -    -        -        0.0
      13    1    0    0      0.0        0.0
      13    2    8    1     17.0        9.0
      13    3    9    0      0.0        0.0
      13    4    9    1     18.0        9.0
      13    5    9    0      0.0        0.0
      14    0    -    -        -        0.0
      14    1    8    1      8.0        0.0
      14    2    1    1      7.0        6.0
      14    3    6    0      0.0        0.0
      14    4    7    1     13.0        6.0
      14    5    6    0      0.0        0.0
resource   1 used in period 1: 4154.000000000032 / 28522
resource   1 used in period 2: 19130.99999999986 / 28522
resource   1 used in period 3: 7347.200000000021 / 28522
resource   1 used in period 4: 11157.333333333367 / 28522
resource   1 used in period 5:      14029.0 / 28522
resource   2 used in period 1: 5941.20000000004 / 28522
resource   2 used in period 2:        796.0 / 28522
resource   2 used in period 3: 19372.000000000015 / 28522
resource   2 used in period 4: 28522.000000000036 / 28522
resource   2 used in period 5:       7281.0 / 28522
resource   3 used in period 1: 17172.40000000017 / 28522
resource   3 used in period 2: 18935.666666666548 / 28522
resource   3 used in period 3: 754.4000000000102 / 28522
resource   3 used in period 4: 26645.666666666686 / 28522
resource   3 used in period 5:      12776.0 / 28522
```

20.4.3 エシェロン在庫を用いた定式化

品目間の親子関係だけでなく，先祖（部品展開表を表す有向グラフを辿って到達可能な品目の集合）を導入しておく．

集合:

- $Ancestor_p$: 品目 p の先祖の集合． 親子関係を表す有向グラフを辿って到達可能な点に対応する品目から構成される集合． 品目 p 自身は含まないものとする

パラメータ:

- ρ_{pq}: $q \in Ancestor_p$ のとき，品目 q を 1 単位生産するのに必要な製品 p の量
- H_t^p: 期 t における品目 p のエシェロン在庫費用．品目 p を生産することによって得られた付加価値に対する在庫費用を表す．品目 p を製造するのに必要な品目の集合を $Child_p$ としたとき，以下のように定義される

$$H_t^p = h_t^p - \sum_{q \in Child_p} h_t^q \phi_{qp}$$

変数:

- E_t^p: 期 t における品目 p のエシェロン在庫量．自分と自分の先祖の品目の在庫量を合わせたものであり，以下のように定義される

$$E_t^p = I_t^p + \sum_{q \in Ancestor_p} \rho_{pq} I_t^q$$

上の記号を用いると，エシェロン在庫を用いた多段階ロットサイズ決定モデルの定式化は，以下のようになる．

$$
\begin{array}{lll}
minimize & \displaystyle\sum_{t=1}^{T} \sum_{p \in P} \left(f_t^p y_t^p + c_t^p x_t^p + H_t^p E_t^p \right) & \\
s.t. & E_{t-1}^p + x_t^p - E_t^p = d_t^p + \displaystyle\sum_{q \in Ancestor_p} \rho_{pq} d_t^q & \forall p \in P, t = 1, \ldots, T \\
 & \displaystyle\sum_{p \in P_k} x_t^p + \sum_{p \in P_k} g_t^p y_t^p \leq M_t^k & \forall k \in K, t = 1, \ldots, T \\
 & E_t^p \geq \displaystyle\sum_{q \in Parent_p} \phi_{pq} E_t^q & \forall p \in P, t = 1, \ldots, T \\
 & x_t^p \leq UB_t^p y_t^p & \forall p \in P, t = 1, \ldots, T \\
 & E_0^p = 0 & \forall p \in P \\
 & x_t^p, E_t^p \geq 0 & \forall p \in P, t = 1, \ldots, T \\
 & y_t \in \{0, 1\} & \forall t = 1, \ldots, T
\end{array}
$$

上の定式化で，最初の制約は，各期および各品目に対するエシェロン在庫の保存式を表す．より具体的には，品目 p の期 $t-1$ からのエシェロン在庫量 E_{t-1}^p と生産量 x_t^p を加えたものが，期 t における品目 p の先祖 q の需要量を品目 p の必要量に換算したものの合計 $\sum_{q \in Ancestor_p} \rho_{pq} d_t^q$ と，自身の需要量 d_t^p と，次期へのエシェロン在庫量 E_t^p の和に等しいことを表す．2 番目の制約は，各期の生産時間の上限制約を表す．3 番目の制約は，各品目のエシェロン在庫量が，その親集合の品目のエシェロン在庫量の合計以上であること（言い換えれば実需要量が負にならないこと）を規定する．4 番目の制約は，段取り替えをしない期は生産できないことを表す．

この定式化は 1 段階モデルと同じ構造をもつので，強化式を加えたり，施設配置定式化のような強い定式化に変形することが可能である．

実在庫量の上下限制約を付加したい場合には，エシェロン在庫モデルにおける 3 番目の制約のスラック変数が，実在庫量になっているので，制約を以下のように書き換えた後で，実在庫量に対する上下限制約を付加すれば良い．

$$E_t^p + I_t^p = \sum_{q \in Parent_p} \phi_{pq} E_t^q \quad \forall p \in P, t = 1, \ldots, T$$

なお，問題に応じた強い定式化を用いたロットサイズ最適化システムとして OptLot (https://www.logopt.com/optlot/) が開発されている．

```
print("\n\nechelon model")
model = mils_echelon(T, K, P, f, g, c, d, h, a, M, UB, phi)
model.optimize()

status = model.Status
if status == GRB.Status.UNBOUNDED:
    print("The model cannot be solved because it is unbounded")
elif status == GRB.Status.OPTIMAL:
    print("Opt.value=", model.ObjVal)
    y, x, E = model.__data
    print("%7s%7s%7s%7s%12s%12s" % ("t", "prod", "dem", "y", "x", "E"))
    for p in P:
        print("%7s%7s%7s%7s%12s%12s" % ("t", p, "-", "-", "-", round(E[0, p].X, 5)))
        for t in range(1, T + 1):
            print(
                "%7s%7s%7s%7s%12s%12s"
                % (
                    t,
                    p,
                    d[t, p],
                    int(y[t, p].X + 0.5),
                    round(x[t, p].X, 5),
                    round(E[t, p].X, 5),
                )
            )
    for k in K:
        for t in range(1, T + 1):
            print(
                "resource %3s used in period %s: %12s / %-9s"
                % (
                    k,
                    t,
                    sum(a[t, k, p] * x[t, p].X + g[t, p] * y[t, p].X for p in P),
                    M[t, k],
                )
            )
elif status != GRB.Status.INF_OR_UNBD and status != GRB.Status.INFEASIBLE:
    print("Optimization was stopped with status", status)
else:
    print("The model is infeasible; computing IIS")
```

```
    model.computeIIS()
    print("\nThe following constraint(s) cannot be satisfied:")
    for cnstr in model.getConstrs():
        if cnstr.IISConstr:
            print(cnstr.ConstrName)
```

```
echelon model

... (略) ...

Cutting planes:
  Gomory: 13
  Cover: 4
  Implied bound: 24
  Clique: 9
  MIR: 6
  Flow cover: 22
  Flow path: 1
  RLT: 1
  Relax-and-lift: 4

Explored 1 nodes (178 simplex iterations) in 0.03 seconds
Thread count was 16 (of 16 available processors)

Solution count 6: 245537 245682 245712 ... 280055

Optimal solution found (tolerance 1.00e-04)
Best objective 2.455368426667e+05, best bound 2.455162034420e+05, gap 0.0084%
Opt.value= 245536.8426666667
      t  prod    dem     y          x          E
      t     1      -     -          -        0.0
      1     1      0     1      600.0        0.0
      2     1      0     1 1971.33333 1296.33333
      3     1      0     0        0.0  171.33333
      4     1      0     1 2153.66667     1125.0
      5     1      0     0        0.0        0.0
      t     2      -     -          -        0.0
      1     2      0     1     6112.0     3616.0
      2     2      0     1     4074.0     5044.0
      3     2      0     1     6112.0     5018.0
      4     2      0     1     6112.0     2250.0
      5     2      0     1     4536.0        0.0
      t     3      -     -          -        0.0
      1     3      0     1      160.0      144.0
      2     3      0     0        0.0      128.0
      3     3      0     0        0.0       80.0
      4     3      0     0        0.0        0.0
      5     3      0     1       56.0        0.0
      t     4      -     -          -        0.0
```

```
1    4    0   1    950.4    694.4
2    4    0   0      0.0    438.4
3    4    0   1    329.6      0.0
4    4    0   1   1280.0      0.0
5    4    0   1    896.0      0.0
t    5    -   -        -      0.0
1    5    0   1    237.6    173.6
2    5    0   0      0.0    109.6
3    5    0   1     82.4      0.0
4    5    0   1    320.0      0.0
5    5    0   1    224.0      0.0
t    6    -   -        -      0.0
1    6    0   1     32.0     16.0
2    6    0   0      0.0      0.0
3    6    0   1     48.0      0.0
4    6    0   1     80.0      0.0
5    6    0   1     56.0      0.0
t    7    -   -        -      0.0
1    7    0   1     32.0     16.0
2    7    0   0      0.0      0.0
3    7    0   1     48.0      0.0
4    7    0   1     80.0      0.0
5    7    0   1     56.0      0.0
t    8    -   -        -      0.0
1    8    0   1      8.0      4.0
2    8    0   0      0.0      0.0
3    8    0   1     12.0      0.0
4    8    0   1     20.0      0.0
5    8    0   1     14.0      0.0
t    9    -   -        -      0.0
1    9    2   1      4.0      2.0
2    9    2   0      0.0      0.0
3    9    6   1      6.0      0.0
4    9   10   1     10.0      0.0
5    9    7   1      7.0      0.0
t   10    -   -        -      0.0
1   10    0   1    600.0      0.0
2   10    0   1   1800.0   1125.0
3   10    0   0      0.0      0.0
4   10    0   1   2325.0   1125.0
5   10    0   0      0.0      0.0
t   11    -   -        -      0.0
1   11    0   1    120.0      0.0
2   11    0   1    360.0    225.0
3   11    0   0      0.0      0.0
4   11    0   1    465.0    225.0
5   11    0   0      0.0      0.0
t   12    -   -        -      0.0
1   12    0   1     40.0      0.0
2   12    0   1    120.0     75.0
```

```
        3     12      0      0        0.0         0.0
        4     12      0      1      155.0        75.0
        5     12      0      0        0.0         0.0
        t     13      -      -          -         0.0
        1     13      0      0        0.0         0.0
        2     13      8      1       17.0         9.0
        3     13      9      0        0.0         0.0
        4     13      9      1       18.0         9.0
        5     13      9      0        0.0         0.0
        t     14      -      -          -         0.0
        1     14      8      1        8.0         0.0
        2     14      1      1        7.0         6.0
        3     14      6      0        0.0         0.0
        4     14      7      1       13.0         6.0
        5     14      6      0        0.0         0.0
resource   1 used in period 1:       4154.0 / 28522
resource   1 used in period 2: 19130.999999999993 / 28522
resource   1 used in period 3:       7347.2 / 28522
resource   1 used in period 4: 11157.333333333332 / 28522
resource   1 used in period 5: 14029.000000000007 / 28522
resource   2 used in period 1:       5941.2 / 28522
resource   2 used in period 2: 796.0000000000003 / 28522
resource   2 used in period 3:      19372.0 / 28522
resource   2 used in period 4:      28522.0 / 28522
resource   2 used in period 5: 7281.000000000004 / 28522
resource   3 used in period 1:      17172.4 / 28522
resource   3 used in period 2: 18935.66666666666 / 28522
resource   3 used in period 3: 754.4000000000001 / 28522
resource   3 used in period 4: 26645.666666666668 / 28522
resource   3 used in period 5: 12776.000000000005 / 28522
```

21 巡回セールスマン問題

• 巡回セールスマン問題に対する定式化とアルゴリズム

21.1 準備

ここでは，付録 2 で準備したグラフに関する基本操作を集めたモジュール graphtools.py を読み込んでいる．環境によって，モジュールファイルの場所は適宜変更されたい．

```
import subprocess
import requests
import lkh
import pandas as pd
import random
import math
import numpy as np
from gurobipy import Model, quicksum, GRB
# from mypulp import Model, quicksum, GRB
import networkx as nx
import plotly
import matplotlib.pyplot as plt

import sys
sys.path.append("..")
import opt100.graphtools as gts
```

21.2 巡回セールスマン問題とは

ここでは，巡回路型の組合せ最適化問題の代表例である**巡回セールスマン問題**（traveling salesman problem）を考える．

巡回セールスマン問題は，n 個の点（都市）から構成される無向グラフ $G = (V, E)$，枝上の距離（重み，費用，移動時間）関数 $c : E \to \mathbf{R}$ が与えられたとき，すべての点をちょうど 1 回ずつ経由する巡回路で，枝上の距離の合計（巡回路の長さ）を最小にするものを求める問題である．

上の定義のように，向きをもたないグラフ上（これを無向グラフとよぶ）で定義された問題を**対称巡回セールスマン問題**（symmetric traveling salesman problem）とよぶ．また，向きをもった（言い換えれば行きと帰りの距離が異なる）グラフ（これを有向グラフとよぶ）上で定義される問題を，**非対称巡回セールスマン問題**（asymmetric traveling salesman problem）とよぶ．もちろん対称巡回セールスマン問題は，非対称巡回セールスマン問題の特殊形なので，(効率良く解けるかどうかは別にして）非対称な問題に対する定式化はそのまま対称な問題に対しても適用できる．

21.3 巡回セールスマン問題に対する動的最適化

ある点 $s\ (\in V)$ から出発し，点の部分集合 $S\ (\subseteq V)$ をすべて経由し，点 $j\ (\in S)$ にいたる最短路長を $f(j, S)$ と書くことにする．このとき，初期条件 $f(j, \{j\}) = c_{sj}$ および次の再帰方程式によって計算された $f(s, V)$ が最短巡回路長である．

$$f(j, S) = \min_{i \in S \setminus \{j\}} \left\{ f(i, S \setminus \{j\}) + c_{ij} \right\}$$

点の数を n とする．始点を s とし，関数 $f(s, V)$ をよび出すことによって，動的最適化アルゴリズムは最短巡回路長を出力する．適当な情報を保存しておくことによって対応する巡回路も再現できる．このアルゴリズムの計算量は $O(n^2 2^n)$ であり，必要な記憶容量は $O(n 2^n)$ である．

以下に巡回セールスマン問題に対する動的最適化関数 tspdp のコードを示す．

引数:

- n: 点数
- c: 移動費用を表す辞書
- V: 解きたい点集合を表すリスト（V の要素の対は，必ず辞書 c のキーに含まれる必要がある）

返値:

- 最適値と順回路のタプル

```
def distance(x1, y1, x2, y2):
    """distance: euclidean distance between (x1,y1) and (x2,y2)"""
    return math.sqrt((x2 - x1) ** 2 + (y2 - y1) ** 2)
```

```
def make_data(n, start_index = 0):
    """
    make_data: compute matrix distance based on euclidean distance
    start_index が 0 のときは，点集合 {0,1,,...,n-1} の問題例を返す
    start_index が 1 のときは，点集合 {1,2,...,n} の問題例を返す
    """
    if start_index ==0:
        V = range(n)
    elif start_index ==1:
        V = range(1,n+1)

    x = dict([(i, random.random()) for i in V])
    y = dict([(i, random.random()) for i in V])
    c = {}
    for i in V:
        for j in V:
            c[i, j] = distance(x[i], y[i], x[j], y[j])
    return list(V), c, x, y

def tspdp(n, c, V):
    def f(j, S):
        FS = frozenset(S)
        if (j, FS) in memo:
            return memo[j, FS]
        elif FS == frozenset({j}):
            memo[j, FS] = c[V[0], j], V[0]
            return c[V[0], j], V[0]
        else:
            S0 = S.copy()
            S0.remove(j)
            min_value = 999999999.0
            prev = -1
            for i in S0:
                if f(i, S0)[0] + c[i, j] < min_value:
                    min_value = f(i, S0)[0] + c[i, j]
                    prev = i
            memo[j, FS] = min_value, prev
            return memo[j, FS]

    memo = {}
    n = len(V)
    opt_val, prev = f(V[0], set(V))

    # restore tour
    j = V[0]
    S = set(V)
    tour = [j]
    while True:
        val, prev = memo[j, frozenset(S)]
```

```
        tour.append(prev)
        S = S - set({j})
        j = prev
        if j == V[0]:
            break
    tour.reverse()
    return opt_val, tour
```

```
n = 17
random.seed(1)
V, c, x, y = make_data(n)
opt_val, tour = tspdp(n, c, V)
print("Optimal value=", opt_val)
print("Optimal tour=", tour)

G = nx.Graph()
for idx, i in enumerate(tour[:-1]):
    G.add_edge(i, tour[idx + 1])
pos = {i: (x[i], y[i]) for i in range(n)}
nx.draw(G, pos=pos, node_size=1000 / n + 10, with_labels=False, node_color="blue");
```

```
Optimal value= 4.090983117445289
Optimal tour= [0, 5, 1, 12, 6, 15, 7, 10, 2, 14, 3, 9, 13, 8, 16, 11, 4, 0]
```

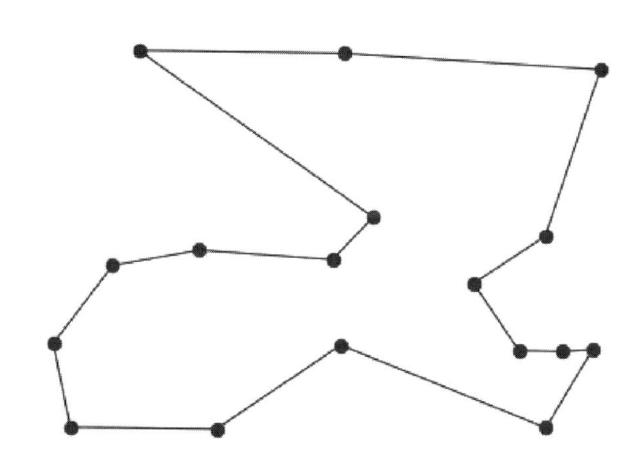

21.4 巡回セールスマン問題に対する定式化

21.4.1　部分巡回路除去定式化

巡回セールスマン問題を定式化するためには，何通りかの方法がある．まずは，対称巡回セールスマン問題に対する定式化を示す．

枝 $e \in E$ が巡回路に含まれるとき 1，それ以外のとき 0 を表す 0-1 変数 x_e を導入する．点の部分集合 S に対して，両端点が S に含まれる枝の集合を $E(S)$ と書く．点の部分集合 S に対して，$\delta(S)$ を端点の 1 つが S に含まれ，もう 1 つの端点が S に含まれない枝の集合とする．

巡回路であるためには，各点に接続する枝の本数が 2 本でなければならない．また，すべての点を通過する閉路以外は，禁止しなければならないので，巡回路になるためには，点集合 V の位数 2 以上の真部分集合 $S \subset V, |S| \geq 2$ に対して，S に両端点が含まれる枝の本数は，点の数 $|S|$ から 1 を減じた値以下である必要がある．

上の議論から，以下の定式化を得る．

$$
\begin{array}{lll}
minimize & \sum_{e \in E} c_e x_e & \\
s.t. & \sum_{e \in \delta(\{i\})} x_e = 2 & \forall i \in V \\
 & \sum_{e \in E(S)} x_e \leq |S| - 1 & \forall S \subset V, |S| \geq 2 \\
 & x_e \in \{0, 1\} & \forall e \in E
\end{array}
$$

点に接続する枝の本数を次数とよぶので，最初の制約式は**次数制約**（degree constraint）とよばれる．2 番目の制約は，部分巡回路（すべての点を通らず点の部分集合を巡回する閉路）を除くので，**部分巡回路除去制約**（subtour elimination constraint）とよばれる．

部分順回路除去制約は，問題の入力サイズの指数オーダーの本数をもつ．よって，必要に応じて現在の解を破っている制約だけを追加する分枝カット法を用いる．

```
def tsp(V, c):
    """tsp -- model for solving the traveling salesman problem with callbacks
       - start with assignment model
       - add cuts until there are no sub-cycles
    Parameters:
        - V: set/list of nodes in the graph
        - c[i,j]: cost for traversing edge (i,j)
    Returns the optimum objective value and the list of edges used.
    """

    EPS = 1.0e-6

    def tsp_callback(model, where):
        if where != GRB.Callback.MIPSOL:
            return

        edges = []
        for (i, j) in x:
            if model.cbGetSolution(x[i, j]) > EPS:
```

```
            edges.append((i, j))

        G = nx.Graph()
        G.add_edges_from(edges)
        Components = list(nx.connected_components(G))

        if len(Components) == 1:
            return

        for S in Components:
            model.cbLazy(quicksum(x[i, j] for i in S for j in S if j > i)
                         <= len(S) - 1)
            print ("cut: (%s) <= %s" % (S,len(S)-1) )
        return

    model = Model("tsp")
    # model.Params.OutputFlag = 0 # silent/verbose mode
    x = {}
    for i in V:
        for j in V:
            if j > i:
                x[i, j] = model.addVar(vtype="B", name="x(%s,%s)" % (i, j))
    model.update()

    for i in V:
        model.addConstr(
            quicksum(x[j, i] for j in V if j < i)
            + quicksum(x[i, j] for j in V if j > i)
            == 2,
            "Degree(%s)" % i,
        )

    model.setObjective(
        quicksum(c[i, j] * x[i, j] for i in V for j in V if j > i), GRB.MINIMIZE
    )

    model.update()
    model.__data = x
    return model, tsp_callback


def solve_tsp(V, c):
    model, tsp_callback = tsp(V, c)
    model.params.DualReductions = 0
    model.params.LazyConstraints = 1
    model.optimize(tsp_callback)
    x = model.__data

    EPS = 1.0e-6
    edges = []
```

```
    for (i, j) in x:
        if x[i, j].X > EPS:
            edges.append((i, j))
    return model.ObjVal, edges

obj, edges = solve_tsp(V, c)

print("Optimal tour:", edges)
print("Optimal cost:", obj)
```

```
Changed value of parameter DualReductions to 0
   Prev: 1  Min: 0  Max: 1  Default: 1
Changed value of parameter LazyConstraints to 1
   Prev: 0  Min: 0  Max: 1  Default: 0

... (略) ...

Cutting planes:
  Lazy constraints: 6

Explored 0 nodes (28 simplex iterations) in 0.01 seconds
Thread count was 16 (of 16 available processors)

Solution count 1: 4.09098

Optimal solution found (tolerance 1.00e-04)
Best objective 4.090983117445e+00, best bound 4.090983117445e+00, gap 0.0000%

User-callback calls 43, time in user-callback 0.00 sec
Optimal tour: [(0, 4), (0, 5), (1, 5), (1, 12), (2, 10), (2, 14), (3, 9), (3, 14), ↩
(4, 11), (6, 12), (6, 15), (7, 10), (7, 15), (8, 13), (8, 16), (9, 13), (11, 16)]
Optimal cost: 4.090983117445288
```

```
G = nx.Graph()
for (i,j) in edges:
    G.add_edge(i, j)
pos = {i: (x[i], y[i]) for i in range(n)}
nx.draw(G, pos=pos, node_size=1000 / n + 10, with_labels=False, node_color="blue");
```

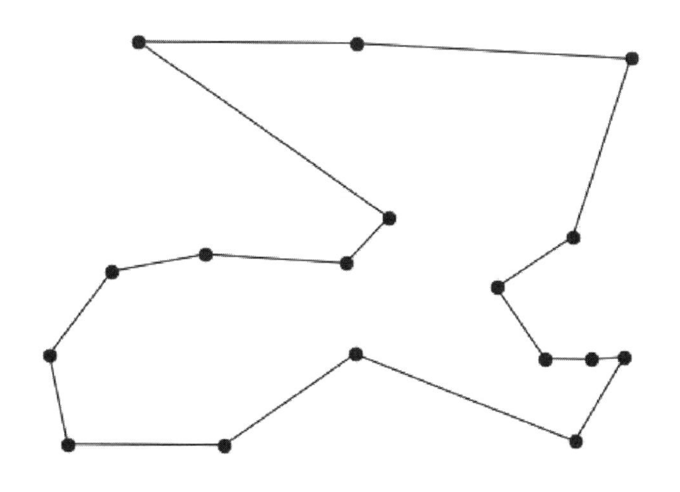

■ 21.4.2 ポテンシャル定式化

今度は，多項式オーダーの本数の制約をもつ定式化を考えていこう．

非対称巡回セールスマン問題を考える．グラフは有向グラフ $G = (V, A)$ であり，点集合 V，有向枝集合 A，枝上の距離関数 $c : A \to \mathbf{R}$ を与えたとき，最短距離の巡回路を求めることが目的である．

点 i の次に点 j を訪問するとき 1，それ以外のとき 0 になる 0-1 変数 x_{ij} と点 i の訪問順序を表す実数変数 u_i を導入する．出発点 1 における u_1 を 0 と解釈しておく（実際には u_1 は定式化の中に含める必要はない）．点 i の次に点 j を訪問するときに，$u_j = u_i + 1$ になるように制約を付加すると，点 1 以外の点 i に対しては，u_i は $1, 2, \ldots, n-1$ のいずれかの整数の値をとることになる．これらの変数を用いると，非対称巡回セールスマン問題は，以下のように定式化できる．

$$
\begin{array}{lll}
minimize & \displaystyle\sum_{i \neq j} c_{ij} x_{ij} & \\
s.t. & \displaystyle\sum_{j: j \neq i} x_{ij} = 1 & \forall i = 1, 2, \ldots, n \\
 & \displaystyle\sum_{j: j \neq i} x_{ji} = 1 & \forall i = 1, 2, \ldots, n \\
 & u_i + 1 - (n-1)(1 - x_{ij}) + (n-3) x_{ji} \leq u_j & \forall i = 1, 2, \ldots, n, j = 2, 3, \ldots, n, \\
 & & i \neq j \\
 & 1 + (1 - x_{1i}) + (n-3) x_{i1} \leq u_i & \forall i = 2, 3, \ldots, n \\
 & u_i \leq (n-1) - (1 - x_{i1}) - (n-3) x_{1i} & \forall i = 2, 3, \ldots, n \\
 & x_{ij} \in \{0, 1\} & \forall i \neq j
\end{array}
$$

最初の制約は出次数制約とよばれるものであり，点 i から出る枝がちょうど 1 本であることを規定する．2 番目の制約は入次数制約とよばれ，点 i に入る枝がちょうど 1 本であることを規定する．3 番目の制約は，u_i は点 i のポテンシャルと解釈できることから，**ポテンシャル制約**とよばれるものの強化版である．同様に，上下限制約も強化してある．ポテンシャル制約を用いた定式化は，部分巡回路除去制約を用いた定式化を非対称に拡張したものとくらべると，はるかに弱い．これは，$x_{ij} = 1$ になったときのみ，$u_j = u_i + 1$ を強制するための制約において，$(1 - x_{ij})$ の項の係数 $n - 1$ が，非常に大きな数を表す Big M と同じ働きをするためである．

以下に，強化していない定式化 mtz と強化版の定式化 mtz_strong を示す．

```
def mtz(n, c):
    """mtz: Miller-Tucker-Zemlin's model for the (asymmetric) traveling salesman ↩
     problem
    (potential formulation)
    Parameters:
        - n: number of nodes
        - c[i,j]: cost for traversing arc (i,j)
    Returns a model, ready to be solved.
    """

    model = Model("atsp - mtz")
    x, u = {}, {}
    for i in range(1, n + 1):
        u[i] = model.addVar(lb=0, ub=n - 1, vtype="C", name="u(%s)" % i)
        for j in range(1, n + 1):
            if i != j:
                x[i, j] = model.addVar(vtype="B", name="x(%s,%s)" % (i, j))
    model.update()

    for i in range(1, n + 1):
        model.addConstr(
            quicksum(x[i, j] for j in range(1, n + 1) if j != i) == 1, "Out(%s)" % i
        )
        model.addConstr(
            quicksum(x[j, i] for j in range(1, n + 1) if j != i) == 1, "In(%s)" % i
        )

    for i in range(1, n + 1):
        for j in range(2, n + 1):
            if i != j:
                model.addConstr(
                    u[i] - u[j] + (n - 1) * x[i, j] <= n - 2, "MTZ(%s,%s)" % (i, j)
                )

    model.setObjective(quicksum(c[i, j] * x[i, j] for (i, j) in x), GRB.MINIMIZE)
```

```
    model.update()
    model.__data = x, u
    return model


def mtz_strong(n, c):
    """mtz_strong: Miller-Tucker-Zemlin's model for the (asymmetric) traveling ↩
      salesman problem
    (potential formulation, adding stronger constraints)
    Parameters:
        n - number of nodes
        c[i,j] - cost for traversing arc (i,j)
    Returns a model, ready to be solved.
    """

    model = Model("atsp - mtz-strong")
    x, u = {}, {}
    for i in range(1, n + 1):
        u[i] = model.addVar(lb=0, ub=n - 1, vtype="C", name="u(%s)" % i)
        for j in range(1, n + 1):
            if i != j:
                x[i, j] = model.addVar(vtype="B", name="x(%s,%s)" % (i, j))
    model.update()

    for i in range(1, n + 1):
        model.addConstr(
            quicksum(x[i, j] for j in range(1, n + 1) if j != i) == 1, "Out(%s)" % i
        )
        model.addConstr(
            quicksum(x[j, i] for j in range(1, n + 1) if j != i) == 1, "In(%s)" % i
        )

    for i in range(1, n + 1):
        for j in range(2, n + 1):
            if i != j:
                model.addConstr(
                    u[i] - u[j] + (n - 1) * x[i, j] + (n - 3) * x[j, i] <= n - 2,
                    "LiftedMTZ(%s,%s)" % (i, j),
                )

    for i in range(2, n + 1):
        model.addConstr(
            -x[1, i] - u[i] + (n - 3) * x[i, 1] <= -2, name="LiftedLB(%s)" % i
        )
        model.addConstr(
            -x[i, 1] + u[i] + (n - 3) * x[1, i] <= n - 2, name="LiftedUB(%s)" % i
        )

    model.setObjective(quicksum(c[i, j] * x[i, j] for (i, j) in x), GRB.MINIMIZE)
```

```
    model.update()
    model.__data = x, u
    return model

def sequence(arc):
    """sequence: make a list of cities to visit from set of arcs"""
    succ = {i:j for (i,j) in arcs}
    curr = 1
    sol =[curr]
    for i in range(len(arcs)-2):
        curr = succ[curr]
        sol.append(curr)
    return sol
```

```
n = 17
random.seed(1)
V, c, x, y = make_data(n, start_index=1)
model = mtz(n, c)
model.optimize()
cost = model.ObjVal
print("Opt.value=", cost)
x, u = model.__data
arcs = [(i, j) for (i, j) in x if x[i, j].X > 0.5]
sol = sequence(arcs)
print(sol)
```

```
... (略) ...

Cutting planes:
  Learned: 7
  Gomory: 6
  Implied bound: 2
  MIR: 12
  RLT: 3
  Relax-and-lift: 6

Explored 428 nodes (3045 simplex iterations) in 0.15 seconds (0.08 work units)
Thread count was 16 (of 16 available processors)

Solution count 10: 4.09098 4.14645 4.16408 ... 7.24544

Optimal solution found (tolerance 1.00e-04)
Best objective 4.090983117445e+00, best bound 4.090983117445e+00, gap 0.0000%
Opt.value= 4.090983117445289
[1, 5, 12, 17, 9, 14, 10, 4, 15, 3, 11, 8, 16, 7, 13, 2]
```

```
model = mtz_strong(n, c)
model.optimize()
```

```
cost = model.ObjVal
print("Opt.value=", cost)
x, u = model.__data
arcs = [(i, j) for (i, j) in x if x[i, j].X > 0.5]
sol = sequence(arcs)
print(sol)
```

```
... (略) ...

Cutting planes:
  Gomory: 5
  Implied bound: 2
  MIR: 11
  StrongCG: 1

Explored 1 nodes (395 simplex iterations) in 0.16 seconds
Thread count was 16 (of 16 available processors)

Solution count 7: 4.09098 4.12742 4.14062 ... 9.03085

Optimal solution found (tolerance 1.00e-04)
Best objective 4.090983117445e+00, best bound 4.090983117445e+00, gap 0.0000%
Opt.value= 4.090983117445289
[1, 5, 12, 17, 9, 14, 10, 4, 15, 3, 11, 8, 16, 7, 13, 2]
```

21.4.3 単一品種フロー定式化

ここでは,「もの」の流れ（フロー）の概念を用いた定式化を紹介する．ここで示すのは**単一品種フロー定式化**（single commodity flow formulation）とよばれる．

いま，特定の点（1）に $n-1$ 単位の「もの」が置いてあり，これを他のすべての点に対してセールスマンによって運んでもらうことを考える（当然，セールスマンは点1を出発するものと仮定する）．点1からは $n-1$ 単位の「もの」が出て行き，各点では1単位ずつ消費される．また，セールスマンが移動した枝にだけ「もの」を流すことができるものとする．

セールスマンが枝 (i,j) を通過することを表す0-1変数 x_{ij} の他に，枝 (i,j) を通過する「もの」（品種）の量を表す連続変数 f_{ij} を導入する．これらの記号を用いると，単一品種フロー定式化は以下のように書ける．

$$
\begin{array}{lll}
minimize & \sum_{i \neq j} c_{ij} x_{ij} & \\
s.t. & \sum_{j:j \neq i} x_{ij} = 1 & \forall i = 0, 1, \ldots, n \\
& \sum_{j:j \neq i} x_{ji} = 1 & \forall i = 0, 1, \ldots, n \\
& \sum_{j} f_{1j} = n - 1 & \\
& \sum_{j} f_{ji} - \sum_{j} f_{ij} = 1 & \forall i = 2, 3, \ldots, n \\
& f_{1j} \leq (n-1) x_{1j} & \forall j \neq 1 \\
& f_{ij} \leq (n-2) x_{ij} & \forall i \neq j, i \neq 1, j \neq 1 \\
& x_{ij} \in \{0, 1\} & \forall i \neq j \\
& f_{ij} \geq 0 & \forall i \neq j
\end{array}
$$

ここで最初の 2 つの制約は次数制約であり，各点に入る枝と出る枝がちょうど 1 本であることを規定する．3 番目の制約は，最初の点 0 から $n-1$ 単位の「もの」が出荷されることを表し，4 番目の制約は「もの」が各点で 1 ずつ消費されることを表す．5 番目と 6 番目の制約は容量制約であり，セールスマンが移動しない枝に「もの」が流れないことを表す．ただし，点 0 に接続する枝 $(0, j)$ に対しては最大 $n-1$ 単位の「もの」が流れ，それ以外の枝に対しては最大 $n-2$ 単位の「もの」が流れることを規定している．

```
def scf(n, c):
    """scf: single-commodity flow formulation for the (asymmetric) traveling ↩
     salesman problem
    Parameters:
        - n: number of nodes
        - c[i,j]: cost for traversing arc (i,j)
    Returns a model, ready to be solved.
    """
    model = Model("atsp - scf")
    x, f = {}, {}
    for i in range(1, n + 1):
        for j in range(1, n + 1):
            if i != j:
                x[i, j] = model.addVar(vtype="B", name="x(%s,%s)" % (i, j))
                if i == 1:
                    f[i, j] = model.addVar(
                        lb=0, ub=n - 1, vtype="C", name="f(%s,%s)" % (i, j)
                    )
                else:
                    f[i, j] = model.addVar(
                        lb=0, ub=n - 2, vtype="C", name="f(%s,%s)" % (i, j)
                    )
```

```
    model.update()

    for i in range(1, n + 1):
        model.addConstr(
            quicksum(x[i, j] for j in range(1, n + 1) if j != i) == 1, "Out(%s)" % i
        )
        model.addConstr(
            quicksum(x[j, i] for j in range(1, n + 1) if j != i) == 1, "In(%s)" % i
        )

    model.addConstr(quicksum(f[1, j] for j in range(2, n + 1)) == n - 1, "FlowOut")

    for i in range(2, n + 1):
        model.addConstr(
            quicksum(f[j, i] for j in range(1, n + 1) if j != i)
            - quicksum(f[i, j] for j in range(1, n + 1) if j != i)
            == 1,
            "FlowCons(%s)" % i,
        )

    for j in range(2, n + 1):
        model.addConstr(f[1, j] <= (n - 1) * x[1, j], "FlowUB(%s,%s)" % (1, j))
        for i in range(2, n + 1):
            if i != j:
                model.addConstr(f[i,j] <= (n - 2) * x[i,j], "FlowUB(%s,%s)" % (i, j))

    model.setObjective(quicksum(c[i, j] * x[i, j] for (i, j) in x), GRB.MINIMIZE)

    model.update()
    model.__data = x, f
    return model
```

```
model = scf(n, c)
model.optimize()
cost = model.ObjVal
print("Opt.value=", cost)
x, u = model.__data
arcs = [(i, j) for (i, j) in x if x[i, j].X > 0.5]
sol = sequence(arcs)
print(sol)
```

```
... (略) ...

Cutting planes:
  Gomory: 8
  Implied bound: 11
  MIR: 18
  Flow cover: 40
```

```
  Flow path: 5
  Network: 4
  Relax-and-lift: 1

Explored 1 nodes (790 simplex iterations) in 0.11 seconds
Thread count was 16 (of 16 available processors)

Solution count 7: 4.09098 4.12742 4.40281 ... 11.6759

Optimal solution found (tolerance 1.00e-04)
Best objective 4.090983117445e+00, best bound 4.090983117445e+00, gap 0.0000%
Opt.value= 4.090983117445289
[1, 6, 2, 13, 7, 16, 8, 11, 3, 15, 4, 10, 14, 9, 17, 12]
```

21.5 巡回セールスマン問題のベンチマーク問題例と近似解法

巡回セールスマン問題のベンチマーク問題例は，以下のサイトからダウンロードできる．

http://comopt.ifi.uni-heidelberg.de/software/TSPLIB95/

21.5.1 CONCORDE

巡回セールスマン問題に対する厳密解法と近似解法を実装したものとして CONCORDE があり，以下のサイトからダウンロードできる．

https://www.math.uwaterloo.ca/tsp/concorde/downloads/downloads.htm

アカデミック・非商用の利用は無料であるが，商用の場合には作者の William Cook に連絡をする必要がある．厳密解法は，巡回セールスマン問題に特化した分枝カット法であり，85900 点の問題例を解くことに成功している．近似解法は，反復 Lin-Kernighan 法 linkern であり，大規模な問題例でも高速に良好な解を算出することができる．

以下に，ベンチマーク問題例を linkern を用いて求解するための関数を示す．

引数:

- file_name: ファイル名
- folder: ベンチマーク問題例を入れたディレクトリ名

返値:

- total: 近似値
- fig: Plotly の図オブジェクト

```
def linkern(file_name, folder = "../data/tsp/"):
    fn = folder + file_name
    cmd = f"./linkern -o tour.txt -b {fn}"
```

```
    try:
        # print("Now solving ...")
        o = subprocess.run(cmd.split(), check=True, capture_output=True)
        # print(o.stdout)
        # print("Done")
    except subprocess.CalledProcessError as e:
        print("ERROR:", e.stderr)

    pos = {}
    f = open(fn)
    data = f.readlines()
    f.close()
    start = data.index("NODE_COORD_SECTION\n")
    for i, row in enumerate(data[start + 1 :]):
        try:
            index, x, y = list(map(float, row.split()))
            pos[i] = (x, y)
        except:
            pass

    G = nx.Graph()
    with open("tour.txt") as f:
        tour = f.readlines()
    edges = []
    total = 0.0
    for row in tour[1:]:
        i, j, cost = list(map(int, row.split()))
        total += cost
        edges.append((i, j))
    G.add_edges_from(edges)
    for v in G.nodes():
        G.nodes[v]["color"] = "red"
    fig = gts.to_plotly_fig(
        G, node_size=2, line_width=1, text_size=1, line_color="blue", pos=pos
    )
    return total, fig
```

```
name = "att532"
total, fig = linkern(name + ".tsp")
print("Cost=", total)
plotly.offline.plot(fig);
```

```
Cost= 27707.0
```

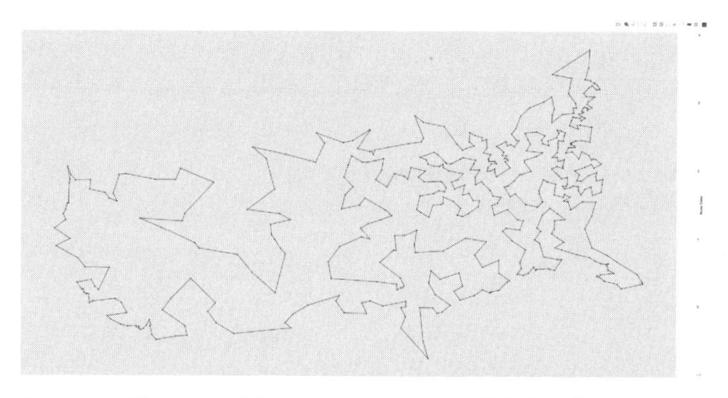

反復 Lin-Kernighan 法 linkern を用いて，ベンチマーク問題例以外のデータの近似解を算出する関数 tsplk を作成する．ただし，linkern は 8 点以下だと計算ができない仕様になっている．そのような場合には，上述の動的最適化を利用すれば良い．

引数:

- n: 点数
- c: 移動費用を表す辞書．キーは必ず点の番号のタプル i, j $(i = 0, \ldots, n-1, j = 0, \ldots, n-1)$ であり，値は非負整数とする

返値:

- total: 近似値
- tour: 順回路のリスト
- G: 順回路を表す networkX のグラフオブジェクト

```
def tsplk(n, c):
    data = f"""NAME: data
TYPE: TSP
COMMENT: generated by MK
DIMENSION: {n}
EDGE_WEIGHT_TYPE: EXPLICIT
EDGE_WEIGHT_FORMAT: FULL_MATRIX
EDGE_WEIGHT_SECTION"""

    matrix = []
    for i in range(n):
        row = []
        for j in range(n):
            row.append(c[i, j])
        row_str = "\t ".join(map(str, row))
        matrix.append(row_str)
    data = " \n".join([data] + matrix)
    with open("data.tsp", mode="w") as f:
        f.write(data)
    fn = "data.tsp"
```

```
    cmd = f"./linkern -o tour.txt -b {fn}"
    try:
        # print("Now solving ...")
        o = subprocess.run(cmd.split(), check=True, capture_output=True)
        # print(o.stdout)
        # print("Done")
    except subprocess.CalledProcessError as e:
        print("ERROR:", e.stderr)
    G = nx.Graph()
    with open("tour.txt") as f:
        tour = f.readlines()
    edges = []
    total = 0.0
    route = []
    for row in tour[1:]:
        i, j, cost = list(map(int, row.split()))
        route.append(i)
        total += cost
        edges.append((i, j))
    G.add_edges_from(edges)
    return total, route, G
```

```
n = 17
random.seed(1)
V, c, x, y = make_data(n)
cc = {}
for (i,j) in c:
    cc[i,j] = int(c[i,j]*100000)

total, route, G = tsplk(n, cc)

print("Optimal value=", total)
print("Optimal tour=", route)

pos = {i: (x[i], y[i]) for i in range(n)}
nx.draw(G, pos=pos, node_size=1000 / n + 10, with_labels=False, node_color="blue");
```

```
Optimal value= 409090.0
Optimal tour= [0, 5, 1, 12, 6, 15, 7, 10, 2, 14, 3, 9, 13, 8, 16, 11, 4]
```

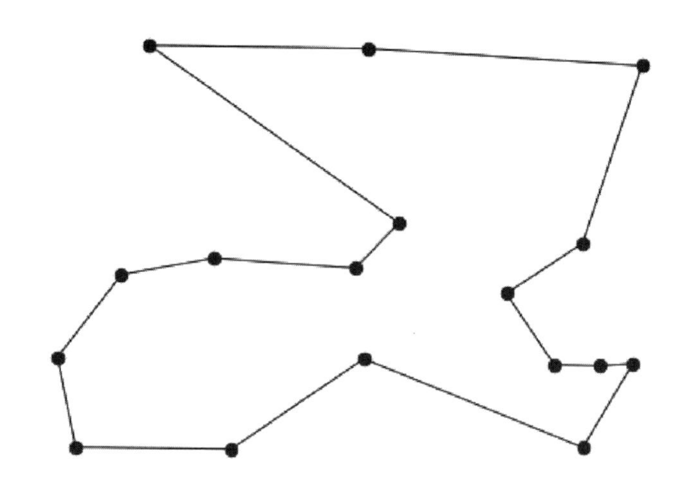

21.5.2 LKH

また，Helsgaun による Lin-Kernighan 法（LKH 法）の実装 のソースコードが，以下のサイトからダウンロードできる．こちらもアカデミック・非商用のみ無料である．

`http://webhotel4.ruc.dk/~keld/research/LKH-3/`

ダウンロードしてコンパイルすると，LKH という実行ファイルが生成される（Windows の場合にはバイナリが提供されている）．LKH は，PyLKH というパッケージ経由で呼び出すことができる．

`https://pypi.org/project/lkh/`

LKH-3（バージョン 3 以上）を用いると，巡回セールスマン問題だけでなく，容量制約付き配送計画問題をはじめとした様々な順回路型のベンチーマーク問題を解くことができる．複数の運搬車は，デポをコピーすることによって巡回セールスマン問題に変換され，容量制約などの付加条件はペナルティとして評価される．

現在，対応している問題は以下の通り．

- ACVRP: Asymmetric capacitated vehicle routing problem（非対称容量制約付き配送計画問題）
- ADCVRP: Asymmetric distance constrained vehicle routing problem（非対称距離制約付き配送計画問題）
- BWTSP: Black and white traveling salesman problem （白黒巡回セールスマン問題; 点に白と黒の属性を付加して，連続する黒の点の長さや位数に対する制約が付加された問題）

- CCVRP: Cumulative capacitated vehicle routing problem（累積容量制約付き配送計画問題; 各顧客への到着時刻の和を最小化する問題）
- CTSP: Colored traveling salesman problem（色付き巡回セールスマン問題; 複数のセールスマンは色をもち，訪問する点は色の部分集合をもつ．点は指定したいずれかの色をもつセールスマンによって処理されるという条件が付加された問題）
- CVRP: Capacitated vehicle routing problem（容量制約付き配送計画問題）
- CVRPTW: Capacitated vehicle routing problem with time windows（時間枠付き容量制約付き配送計画問題）
- DCVRP: Distance constrained capacitated vehicle routing problem（距離・容量制約付き配送計画問題）
- 1-PDTSP: One-commodity pickup-and-delivery traveling salesman problem（1品種・積み込み・積み降ろし巡回セールスマン問題）
- m-PDTSP: Multi-commodity pickup-and-delivery traveling salesman problem（複数品種・積み込み・積み降ろし巡回セールスマン問題）
- m1-PDTSP: Multi-commodity one-to-one pickup-and-delivery traveling salesman problem （複数品種・1対1・積み込み・積み降ろし巡回セールスマン問題）
- MLP: Minimum latency problem（最小待ち時間問題; 顧客の待ち時間の和を最小化する巡回セールスマン問題）
- MTRP: Multiple traveling repairman problem（複数巡回修理人問題; 複数の修理人が顧客を訪問する際の，顧客の待ち時間の和を最小化する問題）
- MTRPD: Multiple traveling repairman problem with distance constraints（距離制約付き複数巡回セールスマン問題）
- mTSP: Multiple traveling salesmen problem（複数巡回セールスマン問題）
- OCMTSP: Open close multiple traveling salesman problem（パス型閉路型混在巡回セールスマン問題; あるセールスマンはデポに戻り，他のセーするマンはデポに戻る必要がないパスで良いと仮定した問題）
- OVRP: Open vehicle routing problem（パス型配送計画問題; デポに戻る必要がないと仮定した配送計画問題）
- PDPTW: Pickup-and-delivery problem with time windows（時間枠付き積み込み・積み降ろし型配送計画問題）
- PDTSP: Pickup-and-delivery traveling salesman problem（積み込み・積み降ろし巡回セールスマン問題）
- PDTSPF: Pickup-and-delivery traveling salesman problem with FIFO loading（先入れ先出し型積み込み・積み降ろし巡回セールスマン問題）

- PDTSPL: Pickup-and-delivery traveling salesman problem with LIFO loading（後入れ先出し型積み込み・積み降ろし巡回セールスマン問題）
- RCTVRP: Risk-constrained cash-in-transit vehicle routing problem（リスク制約付き現金輸送配送計画問題）
- RCTVRPTW: Risk-constrained cash-in-transit vehicle routing with time windows（時間枠付きリスク制約付き現金輸送配送計画問題）
- SOP: Sequential ordering problem（先行制約付き巡回セールスマン問題）
- STTSP: Steiner traveling salesman problem（Steinr 巡回セールスマン問題）
- TRP: Traveling repairman problem（巡回修理人問題; 顧客の待ち時間の和を最小化する問題）
- TSPDL: Traveling salesman problem with draft limits（喫水制限付き巡回セールスマン問題）
- TSPPD: Traveling salesman problem with pickups and deliveries（喫水制限付き積み込み・積み降ろし巡回セールスマン問題）
- TSPTW: Traveling salesman problem with time windows（時間枠付き巡回セールスマン問題）
- VRPB: Vehicle routing problem with backhauls（帰り荷を考慮した配送計画問題）
- VRPBTW: Vehicle routing problem with backhauls and time windows（帰り荷を考慮した時間枠付き配送計画問題）
- VRPMPD: Vehicle routing problem with mixed pickup and delivery（配送と集荷を考慮した配送計画問題）
- VRPMPDTW: Vehicle routing problem with mixed pickup and delivery and time windows（配送と集荷を考慮した時間枠付き配送計画問題）
- VRPSPD: Vehicle routing problem with simultaneous pickup and delivery（同時配送集荷を考慮した配送計画問題）
- VRPSPDTW: Vehicle routing problem with simultaneous pickup-delivery and time windows（同時配送集荷を考慮した時間枠付き配送計画問題）

以下のコードでは，配送計画問題をベンチマークサイトからダウンロードして解いている．

```
problem_str = requests.get('http://vrp.atd-lab.inf.puc-rio.br/media/com_vrp/inst↩
                           ances/E/E-n51-k5.vrp').text
problem = lkh.LKHProblem.parse(problem_str)

solver_path = './LKH'
tour = lkh.solve(solver_path, problem=problem)
```

```
#描画用に同じデータの座標を得る
folder = "../data/cvrp/"
file_name = "E-n51-k5.vrp"
m = 5 #運搬車の台数；ベンチマーク問題例のk?の?を代入
f = open(folder + file_name)
data = f.readlines()
f.close()
n = int(data[3].split()[-1])
Q = int(data[5].split()[-1])
print("n=",n, "Q=",Q)
x, y= {}, {}
pos = {}
for i, row in enumerate(data[7 : 7 + n]):
    id_no, x[i], y[i] = list(map(int, row.split()))
    pos[i] = x[i], y[i]
```

```
n= 51 Q= 160
```

```
G = nx.Graph()
i = 1
for j in tour[0][1:]:
    if j>n:
        j=1 #depot
    G.add_edge(i-1,j-1)
    i = j
G.add_edge(j-1,0)
nx.draw(G, pos=pos, node_size=1000 / n + 10, with_labels=False, node_color="blue")
plt.show()
```

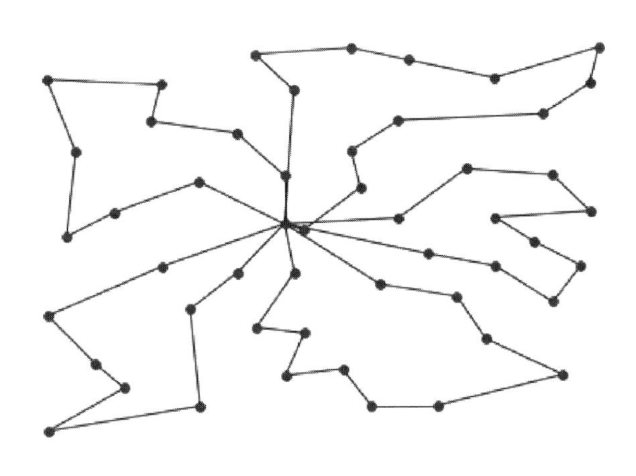

21.6 賞金収集巡回セールスマン問題とその変形

巡回セールスマン問題の一般化として，**賞金収集巡回セールスマン問題**（prize collecting traveling salesman problem）がある．これは，部分順回路問題の一種であり，点上に定義された賞金を収集することから，この名がつけられた．もともとは，（両者とも研究が進んでいる）ナップサック多面体と巡回セールスマン多面体を合わせるとどうなるかという理論的な興味から始まったが，近年では，活発に研究されている問題である．

賞金収集巡回セールスマン問題は，n 個の点（都市）から構成されるグラフ $G=(V,E)$，枝上の費用関数 $c:E\rightarrow\mathbf{R}$，点上の賞金関数 $p:V\rightarrow\mathbf{R}$，賞金収集額の下限 b が与えられたとき，点の部分集合をちょうど 1 回ずつ経由する巡回路で，部分集合内の賞金の合計が b 以上で，順回路の費用の合計を最小にするものを求める問題である．

賞金収集巡回セールスマン問題が，賞金の下限を収集する部分順回路を求めるのに対して，**オリエンテーリング問題**（orienteering problem）は，与えられた巡回費用の上限以下で，収集した賞金の合計を最大化する．これは，その名前の由来になったオリエンテーリングという競技（制限時間内に，地点に付与されたスコアを収集し，その合計を競う）の他に，様々な応用をもつ．

オリエンテーリング問題は，n 個の点（都市）から構成されるグラフ $G=(V,E)$，枝上の移動時間関数 $c:E\rightarrow\mathbf{R}$，点上の賞金（スコア）関数 $p:V\rightarrow\mathbf{R}$，移動時間の上限 T が与えられたとき，点の部分集合をちょうど 1 回ずつ経由する巡回路で，順回路の移動時間の合計が T 以下で，部分集合内の賞金の合計を最大にするものを求める問題である．

定式化はほぼ同じなので，オリエンテーリング問題のものだけを示す．

21.6.1 部分巡回路除去定式化

まずは，対称オリエンテーリング問題に対する定式化を示す．ただし，2 点からなる順回路を除いた解の中に最適解があると仮定して定式化を行う（2 点からなる順回路の数は $O(n^2)$ なので，事前にチェックしておけば良い）．

枝 $e\in E$ が巡回路に含まれるとき 1，それ以外のとき 0 を表す 0-1 変数 x_e と，点を巡回するか否かを表す 0-1 変数 y_i を導入する．点の部分集合 S に対して，$\delta(S)$ を端点の 1 つが S に含まれ，もう 1 つの端点が S に含まれない枝の集合とする．

$$
\begin{array}{lll}
maximize & \sum_{i \in V} p_i y_i & \\
s.t. & \sum_{e \in \delta(\{i\})} x_e = 2y_i & \forall i \in V \\
& \sum_{e \in \delta(S)} x_e \geq 2(y_i + y_j - 1) & \forall S \subset V, i \in S, j \in V \setminus S, |S| \geq 2 \\
& \sum_{e \in E} c_e x_e \leq T & \\
& x_e \in \{0,1\} & \forall e \in E \\
& y_i \in \{0,1\} & \forall i \in V
\end{array}
$$

部分順回路制約は，カットセット型で記述されている．これは，点の部分集合 S 内の点 i と S 外の点 j が部分順回路に含まれているときには，S と S 以外の間に 2 本以上の枝があることを意味する．

■ 21.6.2　ポテンシャル定式化

非対称巡オリエンテーリング問題を考え，多項式オーダーの本数の制約をもつ定式化を示す．

点 i の次に点 j を訪問するとき 1，それ以外のとき 0 になる 0-1 変数 x_{ij}，点を巡回するか否かを表す 0-1 変数 y_i，ならびに点 i の訪問順序を表す実数変数 u_i を導入する．

出発点 1 を出発点と考え，u_1 を 0 と解釈しておく（実際には u_1 は定式化の中に含める必要はない）．点 i の次に点 j を訪問するときに，$u_j = u_i + 1$ になるように制約を付加する．

非対称オリエンテーリング問題は，以下のように定式化できる．

$$
\begin{array}{lll}
maximize & \sum_{i \in V} p_i y_i & \\
s.t. & \sum_{j: j \neq i} x_{ij} = y_i & \forall i = 1, 2, \ldots, n \\
& \sum_{j: j \neq i} x_{ji} = y_i & \forall i = 1, 2, \ldots, n \\
& u_i + 1 - (n-1)(1 - x_{ij}) \leq u_j & \forall i = 1, 2, \ldots, n, j = 2, 3, \ldots, n, i \neq j \\
& 1 \leq u_i \leq (n-1) & \forall i = 2, 3, \ldots, n \\
& \sum_{i \neq j} c_{ij} x_{ij} \leq T & \\
& x_{ij} \in \{0,1\} & \forall i \neq j \\
& y_i \in \{0,1\} & \forall i \in V
\end{array}
$$

ベンチマーク問題例は，以下のサイトからダウンロードできる．

https://www.mech.kuleuven.be/en/cib/op

オリエンテーリング問題は，制限時間内になるべく価値の高い仕事をこなすという自然なモデルのため，以下のような様々な分野に応用をもつ．

- モバイル・クラウドソーシング（時間枠）
- 旅程計画（時間枠と時刻依存移動時間）
- テーマパークのアトラクション巡回順（時刻依存移動時間）
- 在庫配送計画

```
folder = "../data/orienteering/"
fn ="tsiligirides_problem_1_budget_20.txt"

f = open(folder+fn)
data = f.readlines()
f.close()

Tmax, num_paths = tuple(map(int, data[0][:-1].split( "\t" )))
#print(Tmax)
pos, x, y = {},{},{}
prize ={}
for i, row in enumerate(data[1:]):
    try:
        x[i+1], y[i+1], p = list(map(float, row.split( "\t")))
        pos[i+1] = (x[i+1], y[i+1])
        prize[i+1] = p
    except:
        pass

n = len(prize)
c ={}
for i in range(1,n+1):
    for j in range(1,n+1):
        c[i,j] = distance(x[i], y[i], x[j], y[j])
```

```
model = Model("orienteering - mtz")
x, y, u = {}, {}, {}
for i in range(1, n + 1):
    u[i] = model.addVar(lb=0, ub=n - 1, vtype="C", name= f"u({i})")
    y[i] = model.addVar(vtype="B", name= f"y({i})")
    for j in range(1, n + 1):
        if i != j:
            x[i, j] = model.addVar(vtype="B", name= f"x({i},{j})")
model.update()

for i in range(1, n + 1):
    model.addConstr(
        quicksum(x[i, j] for j in range(1, n + 1) if j != i) == y[i], f"Out({i})"
    )
    model.addConstr(
        quicksum(x[j, i] for j in range(1, n + 1) if j != i) == y[i], f"In({i})"
    )
```

```
for i in range(1, n + 1):
    for j in range(2, n + 1):
        if i != j:
            model.addConstr(
                u[i] - u[j] + (n - 1) * x[i, j] + (n - 3) * x[j, i] <= n - 2,
                "LiftedMTZ(%s,%s)" % (i, j),
            )

for i in range(2, n + 1):
    model.addConstr(
        -x[i, 1] + u[i] + (n - 3) * x[1, i] <= n - 2, name="LiftedUB(%s)" % i
    )

model.addConstr( quicksum(c[i, j] * x[i, j] for (i, j) in x) <= Tmax, "Time Constraint" )

model.setObjective(quicksum(prize[i] * y[i] for (i) in y), GRB.MAXIMIZE)

model.optimize()
cost = model.ObjVal
print("Opt.value=", cost)
arcs = [(i, j) for (i, j) in x if x[i, j].X > 0.5]
```

```
... (略) ...

Cutting planes:
  Learned: 1
  Gomory: 11
  Cover: 1
  Implied bound: 12
  Projected implied bound: 3
  MIR: 10
  StrongCG: 2
  Flow cover: 30
  GUB cover: 1
  Inf proof: 30
  Zero half: 12
  RLT: 6
  Relax-and-lift: 4

Explored 51649 nodes (532068 simplex iterations) in 7.35 seconds
Thread count was 16 (of 16 available processors)

Solution count 6: 65 60 55 ... -0

Optimal solution found (tolerance 1.00e-04)
Best objective 6.500000000000e+01, best bound 6.500000000000e+01, gap 0.0000%
Opt.value= 65.0
```

```
G = nx.Graph()
G.add_edges_from(arcs)
G.add_nodes_from(list(range(1,n+1)))
nx.draw(G, pos=pos, node_size=1000 / n + 10, with_labels=False, node_color="blue");
```

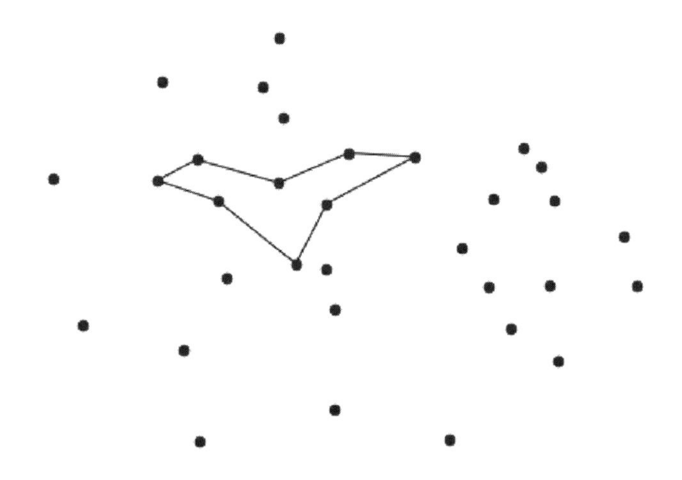

21.7 階層的巡回セールスマン問題

2段階の巡回セールスマン問題を考える．この問題は，都市内物流や緊急物資の配送への応用をもつ．

- P: 中継地点およびデポの集合
- N: 顧客の集合
- E_1: 階層1の枝（中継地点およびデポ間）の集合 $E_1 = \{(i, j) \mid i, j \in P, i < j\}$
- E_2: 顧客間の枝の集合 $E_2 = \{(i, j) | i, j \in N, i < j\}$
- E_3: 顧客と中継地点との間の枝の集合 $E_3 = \{(i, p) \mid i \in N, p \in P\}$
- x_e: 配送車が枝 e 上を移動する場合 1, そうでないとき 0 をとる 0-1 変数
- X_e: 台車が枝 e 上を移動する場合 1, そうでないとき 0 をとる 0-1 変数
- y_p: 配送車が中継地点 p に停車する場合 1, そうでないとき 0 をとる 0-1 変数
- z_{ip}: 顧客 i に対し，中継地点 p から往復輸送が行われる場合に 1, そうでないとき 0 をとる 0-1 変数

点の部分集合 $S(\subset N \cup P)$ について，以下を定義する．

$$\delta_k(S) = \{(i, j) \mid (i, j) \in E_k, (i \in S, j \notin S \text{ or } i \notin S, j \in S)\} \quad (k = 1, 2, 3)$$

また枝の集合 E について，以下を定義する．

$$x(E) = \sum_{e \in E} x_e, \quad X(E) = \sum_{e \in E} X_e, \quad z(E) = \sum_{e \in E} z_e$$

定式化:

$$
\begin{array}{llll}
minimize & \displaystyle\sum_{e \in E_1} c_e^1 x_e + \sum_{e \in E_2 \cup E_3} c_e^2 X_e + \sum_{e \in E_3} 2c_e^2 z_e & & \\
s.t. & X\left(\delta_2(\{i\}) \cup \delta_3(\{i\})\right) + 2z\left(\delta_3(\{i\})\right) = 2 & \forall i \in N & (1) \\
 & X\left(\delta_2(\{p\}) \cup \delta_3(\{p\})\right) + 2z\left(\delta_3(\{p\})\right) = 2y_p & \forall p \in P & (2) \\
 & x\left(\delta_1(\{p\})\right) = 2y_p & \forall p \in P & (3) \\
 & X\left(\delta_2(S) \cup \delta_3(S)\right) + 2z\left(\delta_3(S)\right) \geq 2 & \forall S \subset N, |S| \geq 3 & (4) \\
 & x\left(\delta_1(S)\right) \geq 2(y_p + y_q - 1) & \forall S \subset P, |S| \geq 3, \; p \in S, q \in P \setminus S & (5) \\
 & \displaystyle\sum_{(k,p) \in \delta_3(\{k\}), p \in I} X_{kp} + \sum_{(\ell,q) \in \delta_3(\{\ell\}), q \in (P \setminus I)} X_{\ell q} + \sum_{i,j \in S \cup \{k,\ell\}, i<j} X_{ij} \leq |S| + 2 & \forall (S \cup \{k,\ell\}) \subset N, \; k \neq \ell, I \subset P & (6) \\
 & x_e \in \{0,1\} & \forall e \in E_1 & \\
 & X_e \in \{0,1\} & \forall e \in E_2 \cup E_3 & \\
 & z_e \in \{0,1\} & \forall e \in E_3 & \\
 & y_p \in \{0,1\} & \forall p \in P &
\end{array}
$$

制約式 (1),(2),(3) はいずれも次数制約である．式 (1) は顧客 i $(\in N)$ から伸びる枝は 2 本であることを表す．式 (2) は中継地点 p $(\in P)$ を用いる場合，その点から階層 2 に向かって伸びる枝は 2 本であることを表す．式 (3) は中継地点 p $(\in P)$ を用いる場合，その点から階層 1 に向かって伸びる枝は 2 本であることを表す．

制約式 (4) は，顧客の集合 S に対するカットセット制約である．

制約式 (5) は，中継地点の集合 S に対するカット制約である．2 点 p $(\in S)$，q $(\notin S)$ を訪れる場合，集合 S と $P \setminus S$ の間に 2 本以上の枝が存在しなければならないことを意味する．

制約式 (6) は，階層 2 において中継地点を出発して，異なる中継地点へ向かうことを禁じるパス除去制約である．

カットセット制約ならびにパス除去制約の数は非常に多いので，実装の際には切除平面法（分枝カット法）を用いる必要がある．

■ 21.7.1　階層的巡回セールスマン問題に対するルート先・クラスター後法

ルート先・クラスター後法（route-first/cluster-second method）では，はじめにすべての点（顧客およびデポ）を通過する巡回路を（たとえば巡回セールスマン問題を解くことによって）作成し，その後でそれをクラスターに分けることによってルートを生成する．

階層的巡回セールスマン問題に対して，すべての点を通過する巡回路を，その巡回路の順番を崩さないように「最適」に分割する方法を考える．

点（顧客およびデポ）の集合 N をちょうど 1 回ずつ通過する巡回路を表す順列を ρ とする．

$\rho(i)$ は i 番目に通過する点の番号であり， $\rho(0)$ はデポ (0) である． C_{ij}^p を $i+1$ 番目から j 番目の顧客を ρ で定義される順に，中継地点 p から巡回したときのルートの費用と定義する．

ただし，ルートに何らかの制限がないと，階層的な解にならない．1 つのルートに含まれる顧客数の上限，もしくはルート長に制約を付加する必要がある．以下の例題では，階層 2 の 1 つのルートに含まれる顧客数が Q 以下であるという制約を付加する．

すべての中継地点を使う場合は，点集合 P に対する最適な順回路を計算し，その後，顧客の中継地点への割当は，動的最適化で行う．

$i+1$ 番目から j 番目の顧客を巡回するための最適な中継地点は，以下のように計算できる．

$$p_{ij}^* = \arg\min_p C_{ij}^p$$

$C_{ij}^{p_{ij}^*}$ を枝の費用としたとき，点 0 から $n = |N|$ までの（有向閉路をもたないグラフ上での）最短路は，動的最適化で計算できる．最短路に対応する巡回路 ρ が，最適な分割になる．

j 番目の点までの最適値を F_j とする． $F_0 = 0$ の初期条件の下で，以下の再帰方程式によって最適値を得ることができる．

$$F_j = \min\{F_i + C_{ij}^{p_{ij}^*}\} \quad j = 1, 2, \ldots, n$$

ランダムな問題例を作成する．中継地点数は 30，顧客数は 100 とし，中央にデポがあるものとする．デポの番号は 0 とする．顧客とデポに対して，tsplk 関数を用いて巡回セールスマン問題の近似解を算出し，それを順列 ρ（プログラムでは route2）とする．

```
Q = 5  # capacity
n1, n2 = 30, 100
x1, y1, x2, y2 = {}, {}, {}, {}
for i in range(1, n1):
    x1[i] = random.random() * 100.0
    y1[i] = random.random() * 100.0
x1[0], y1[0] = 50.0, 50.0  # depot

for i in range(1, n2):
    x2[i] = random.random() * 100.0
    y2[i] = random.random() * 100.0
```

```
x2[0], y2[0] = 50.0, 50.0  # depot
```

```
def distance(x1, y1, x2, y2):
    """distance: euclidean distance between (x1,y1) and (x2,y2)"""
    return int(math.sqrt((x2 - x1) ** 2 + (y2 - y1) ** 2) + 0.5)
```

```
c2 = {}
pos2 = {}
for i in range(n2):
    c2[i, i] = 0
    pos2[i] = x2[i], y2[i]
    for j in range(i, n2):
        c2[j, i] = c2[i, j] = distance(x2[i], y2[i], x2[j], y2[j])
total2, route2, G2 = tsplk(n2, c2)
nx.draw(G2, pos=pos2, with_labels=True)
print(total2, route2)
```

```
807.0 [0, 79, 93, 80, 24, 75, 39, 64, 63, 42, 26, 19, 34, 28, 65, 58, 43, 31, 72, ↩
71, 44, 54, 46, 2, 94, 50, 68, 30, 73, 85, 33, 48, 66, 89, 74, 3, 36, 27, 9, 96, 4,↩
 81, 45, 35, 69, 86, 52, 18, 88, 11, 37, 67, 87, 51, 32, 62, 47, 55, 1, 40, 5, 15, ↩
78, 60, 92, 8, 13, 20, 29, 59, 84, 17, 57, 53, 38, 90, 16, 83, 6, 25, 70, 12, 77, ↩
76, 56, 99, 14, 22, 91, 61, 98, 7, 41, 23, 49, 95, 97, 82, 10, 21]
```

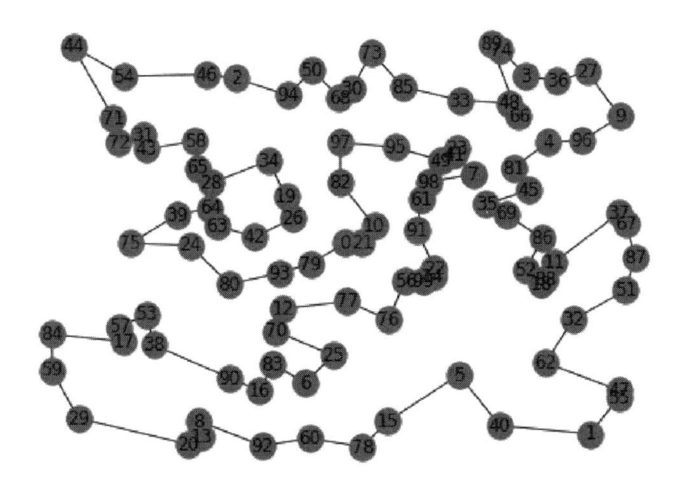

動的最適化の準備として，$i+1$ 番目から j 番目の顧客を ρ で定義される順に，最適な中継地点 p から巡回したときのルートの費用 $C_{ij}^{p^*_{ij}}$ を計算しておく．

```
C = {}
pstar = {}
for i in range(n2 - 1):
    cum = 0
    for j in range(i + 1, n2 - 1):
```

```
        if j - i > Q:
            break
        C[i, j] = cum
        cum += c2[route2[j], route2[j + 1]]
        # find the nearest parking point
        min_ = np.inf
        for p in range(n1):
            dis = distance(
                x2[route2[i + 1]], y2[route2[i + 1]], x1[p], y1[p]
            ) + distance(x2[route2[j]], y2[route2[j]], x1[p], y1[p])
            if dis < min_:
                min_ = dis
                pstar[i, j] = p
        C[i, j] += min_
    if n2 - 1 - i <= Q:
        C[i, n2 - 1] = cum
        min_ = np.inf
        for p in range(n1):
            dis = distance(
                x2[route2[i + 1]], y2[route2[i + 1]], x1[p], y1[p]
            ) + distance(x2[route2[n2 - 1]], y2[route2[n2 - 1]], x1[p], y1[p])
            if dis < min_:
                min_ = dis
                pstar[i, n2 - 1] = p
        C[i, n2 - 1] += min_
```

動的最適化の再帰方程式によって，最適なルートの分割を求め，使用した中継地点をPark に保管する．

```
F = {}
prev = {}
F[0] = 0
for j in range(1, n2):
    min_ = np.inf
    for i in range(j - 1, -1, -1):
        if (i, j) not in C:
            break
        if F[i] + C[i, j] < min_:
            min_ = F[i] + C[i, j]
            prev[j] = i
    F[j] = min_
```

```
j = n2 - 1
edges = []
Park = set([])
while 1:
    i = prev[j]
    for k in range(i + 1, j):
        edges.append((route2[k], route2[k + 1]))
```

```
    edges.append((n2 + pstar[i, j], route2[i + 1]))
    edges.append((n2 + pstar[i, j], route2[j]))
    Park.add(pstar[i, j])
    if i == 0:
        break
    j = i
print("Parking Points=", Park)
```

```
Parking Points= {0, 1, 2, 3, 4, 5, 6, 7, 8, 9, 10, 11, 12, 13, 14, 15, 16, 17, 18, ↩
21, 22, 23, 25, 29}
```

使用する中継地点に対する巡回セールスマン問題を解き，第 1 階層の順回路を求め，結果を描画する．

```
c1 = {}
pos1 = {}
n1 = len(Park)
for i, p in enumerate(Park):
    c1[i, i] = 0
    pos1[i] = x1[p], y1[p]
    for j, q in enumerate(Park):
        c1[i, j] = distance(x1[p], y1[p], x1[q], y1[q])
if n1 <= 10:
    V = list(range(n1))
    total1, route1 = tspdp(n1, c1, V)
else:
    total1, route1, G1 = tsplk(n1, c1)
print(total1, route1)
```

```
413.0 [0, 15, 9, 4, 12, 19, 22, 3, 8, 10, 13, 1, 23, 21, 18, 16, 17, 6, 11, 7, 20, ↩
2, 5, 14]
```

```
G = nx.Graph()
tour = route1
for idx, i in enumerate(tour[:-1]):
    G.add_edge(i, tour[idx + 1])
G.add_edge(tour[-1], tour[0])
nx.draw(
    G,
    pos=pos1,
    node_size=1000 / n + 10,
    with_labels=False,
    width=5,
    edge_color="orange"
)

G3 = nx.Graph()
G3.add_nodes_from(G2.nodes)
for i in x1: #中継地点の追加
```

```
    G3.add_node(n2 + i)
    pos2[n2 + i] = x1[i], y1[i]
G3.add_edges_from(edges)
nx.draw(G3, pos=pos2, with_labels=False, node_size=10, node_color="y")
plt.show()
```

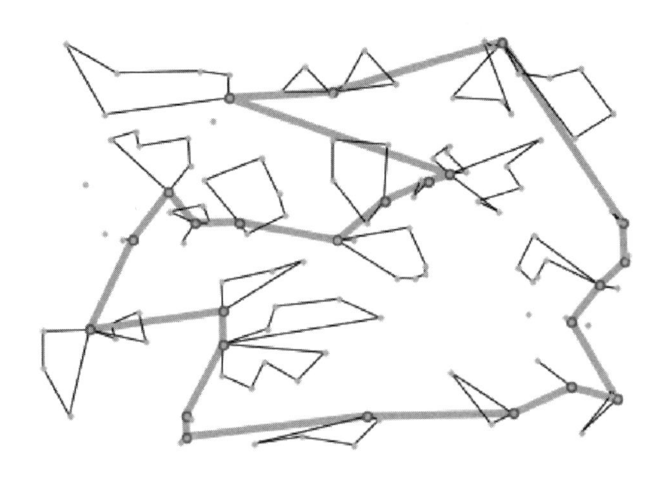

22 時間枠付き巡回セールスマン問題

- 時間枠付き巡回セールスマン問題に対する定式化とアルゴリズム

22.1 準備

```
from gurobipy import Model, quicksum, GRB
import math
import networkx as nx
```

22.2 時間枠付き巡回セールスマン問題

ここでは，巡回セールスマン問題に時間枠を追加した**時間枠付き巡回セールスマン問題**（traveling salesman problem with time windows）を考える．

この問題は，特定の点 0 を時刻 0 に出発すると仮定し，点間の移動距離 c_{ij} を移動時間とみなし，さらに点 i に対する出発時刻が最早時刻 e_i と最遅時刻 ℓ_i の間でなければならないという制約を課した問題である．ただし，時刻 e_i より早く点 i に到着した場合には，点 i 上で時刻 e_i まで待つことができるものとする．

22.2.1 ポテンシャル定式化

巡回セールスマン問題に対するポテンシャル制約の拡張を考える．

点 i を出発する時刻を表す変数 t_i を導入する．t_i は以下の制約を満たす必要がある．

$$e_i \leq t_i \leq \ell_i \quad \forall i = 1, 2, \ldots, n$$

ただし，$e_1 = 0, \ell_1 = \infty$ と仮定する．

点 i の次に点 j を訪問する $(x_{ij} = 1)$ ときには，点 j を出発する時刻 t_j は，点 i を出発する時刻に移動時間 c_{ij} を加えた値以上であることから，以下の式を得る．

$$t_i + c_{ij} - M(1 - x_{ij}) \le t_j \quad \forall i, j,\ j \ne 1, i \ne j$$

ここで，M は大きな数を表す定数である．なお，移動時間 c_{ij} は正の数と仮定する．c_{ij} が 0 だと $t_i = t_j$ になる可能性があり，部分巡回路ができてしまう．これを避けるためには，巡回セールスマン問題と同様の制約を付加する必要があるが，$c_{ij} > 0$ の仮定の下では，上の制約によって部分巡回路を除去することができる．

このような大きな数 Big M を含んだ定式化はあまり実用的ではないので，時間枠を用いて強化したものを示す．

$$
\begin{array}{lll}
minimize & \sum_{i \ne j} c_{ij} x_{ij} & \\
s.t. & \sum_{j:j \ne i} x_{ij} = 1 & \forall i = 1, 2, \dots, n \\
& \sum_{j:j \ne i} x_{ji} = 1 & \forall i = 1, 2, \dots, n \\
& t_i + c_{ij} - [\ell_i + c_{ij} - e_j]^+ (1 - x_{ij}) \le t_j & \forall i, j,\ j \ne 1, i \ne j \\
& x_{ij} \in \{0, 1\} & \forall i, j,\ i \ne j \\
& e_i \le t_i \le \ell_i & \forall i = 1, 2, \dots, n
\end{array}
$$

巡回セールスマン問題のときと同様に，ポテンシャル制約と上下限制約は，持ち上げ操作によってさらに以下のように強化できる．

$$
\begin{array}{ll}
t_i + c_{ij} - [\ell_i + c_{ij} - e_j]^+ (1 - x_{ij}) & \\
\quad + [\ell_i - e_j + \min\{-c_{ji}, e_j - e_i\}]^+ x_{ji} \le t_j & \forall i, j,\ j \ne 1, i \ne j \\
e_i + \sum_{j \ne i} [e_j + c_{ji} - e_i]^+ x_{ji} \le t_i & \forall i = 2, \dots, n \\
t_i \le \ell_i - \sum_{j \ne 1, i} [\ell_i - \ell_j + c_{ij}]^+ x_{ij} & \forall i = 2, \dots, n
\end{array}
$$

以下に，強化していない標準定式化 mtztw と強化した定式化 mtz2tw のコードを示す．

```
def mtztw(n, c, e, l):
    """mtzts: model for the traveling salesman problem with time windows
    (based on Miller-Tucker-Zemlin's one-index potential formulation)
    Parameters:
        - n: number of nodes
        - c[i,j]: cost for traversing arc (i,j)
        - e[i]: earliest date for visiting node i
        - l[i]: latest date for visiting node i
    Returns a model, ready to be solved.
    """
    model = Model("tsptw - mtz")
    x, u, v = {}, {}, {}
    for i in range(1, n + 1):
```

```
        u[i] = model.addVar(lb=e[i], ub=l[i], vtype="C", name="u(%s)" % i)
        v[i] = model.addVar(lb=0, ub=n - 1, vtype="C", name="v(%s)" % i)
        for j in range(1, n + 1):
            if i != j:
                x[i, j] = model.addVar(vtype="B", name="x(%s,%s)" % (i, j))
    model.update()

    for i in range(1, n + 1):
        model.addConstr(
            quicksum(x[i, j] for j in range(1, n + 1) if j != i) == 1, "Out(%s)" % i
        )
        model.addConstr(
            quicksum(x[j, i] for j in range(1, n + 1) if j != i) == 1, "In(%s)" % i
        )

    for i in range(1, n + 1):
        for j in range(2, n + 1):
            if i != j:
                M = max(l[i] + c[i, j] - e[j], 0)
                model.addConstr(
                    u[i] - u[j] + M * x[i, j] <= M - c[i, j], "MTZ(%s,%s)" % (i, j)
                )
                model.addConstr(
                    v[i] - v[j] + (n - 1) * x[i, j] <= n - 2, "MTZorig(%s,%s)" % (i, j)
                )

    model.setObjective(quicksum(c[i, j] * x[i, j] for (i, j) in x), GRB.MINIMIZE)

    model.update()
    model.__data = x, u
    return model


def mtz2tw(n, c, e, l):
    """mtz: model for the traveling salesman problem with time windows
    (based on Miller-Tucker-Zemlin's one-index potential formulation, stronger ↩
     constraints)
    Parameters:
        - n: number of nodes
        - c[i,j]: cost for traversing arc (i,j)
        - e[i]: earliest date for visiting node i
        - l[i]: latest date for visiting node i
    Returns a model, ready to be solved.
    """
    model = Model("tsptw - mtz-strong")
    x, u = {}, {}
    for i in range(1, n + 1):
        u[i] = model.addVar(lb=e[i], ub=l[i], vtype="C", name="u(%s)" % i)
        for j in range(1, n + 1):
            if i != j:
```

```
            x[i, j] = model.addVar(vtype="B", name="x(%s,%s)" % (i, j))
model.update()

for i in range(1, n + 1):
    model.addConstr(
        quicksum(x[i, j] for j in range(1, n + 1) if j != i) == 1, "Out(%s)" % i
    )
    model.addConstr(
        quicksum(x[j, i] for j in range(1, n + 1) if j != i) == 1, "In(%s)" % i
    )

    for j in range(2, n + 1):
        if i != j:
            M1 = max(l[i] + c[i, j] - e[j], 0)
            M2 = max(l[i] + min(-c[j, i], e[j] - e[i]) - e[j], 0)
            model.addConstr(
                u[i] + c[i, j] - M1 * (1 - x[i, j]) + M2 * x[j, i] <= u[j],
                "LiftedMTZ(%s,%s)" % (i, j),
            )

for i in range(2, n + 1):
    model.addConstr(
        e[i]
        + quicksum(
            max(e[j] + c[j, i] - e[i], 0) * x[j, i]
            for j in range(1, n + 1)
            if i != j
        )
        <= u[i],
        "LiftedLB(%s)" % i,
    )

    model.addConstr(
        u[i]
        <= l[i]
        - quicksum(
            max(l[i] - l[j] + c[i, j], 0) * x[i, j]
            for j in range(2, n + 1)
            if i != j
        ),
        "LiftedUB(%s)" % i,
    )

model.setObjective(quicksum(c[i, j] * x[i, j] for (i, j) in x), GRB.MINIMIZE)

model.update()
model.__data = x, u
return model
```

■ 22.2.2 ベンチマーク問題例の読み込み

時間枠付き巡回セールスマン問題のベンチマーク問題例は，以下のサイトから入手できる．

https://lopez-ibanez.eu/tsptw-instances

読み込んでデータを準備する．

```
folder = "../data/tsptw/"
fn = "n60w20.001.txt"
f = open(folder + fn)
data = f.readlines()
f.close()
```

```
x_, y_, early, late = [], [], [], []
for row in data:
    try:
        L = list(map(float, row.split()))
        if L[0] >= 900:
            continue
        x_.append(L[1])
        y_.append(L[2])
        early.append(L[4])
        late.append(L[5])
    except:
        pass
n = len(x_)
e, l = {}, {}
for i in range(n):
    e[i + 1] = int(early[i])
    l[i + 1] = int(late[i])
c = {}
for i in range(n):
    for j in range(n):
        c[i + 1, j + 1] = int(math.sqrt((x_[i] - x_[j]) ** 2 + (y_[i] - y_[j]) ** 2))
```

```
for i in range(1, n + 1):
    for j in range(1, n + 1):
        for k in range(1, n + 1):
            c[i, j] = min(c[i, j], c[i, k] + c[k, j])
```

■ 22.2.3 求解と描画

まず，強化していない標準定式化を用いて求解する．

```
model = mtztw(n, c, e, l)
model.optimize()
x, u = model.__data
```

```
sol = [i for (v, i) in sorted([(u[i].X, i) for i in u])]

print("Opt.value =", model.ObjVal, sol)
```

次に，時間枠を用いて制約を強化した定式化を用いて求解する．

```
model = mtz2tw(n, c, e, l)
model.optimize()
x, u = model.__data

sol = [i for (v, i) in sorted([(u[i].X, i) for i in u])]
print("Opt.value =", model.ObjVal, sol)
```

```
... (略) ...

Cutting planes:
  Learned: 5
  Gomory: 5
  Cover: 2
  MIR: 4
  StrongCG: 2
  GUB cover: 2
  Zero half: 5
  RLT: 3
  Relax-and-lift: 3

Explored 348 nodes (3140 simplex iterations) in 0.48 seconds (0.26 work units)
Thread count was 16 (of 16 available processors)

Solution count 3: 551 552 553

Optimal solution found (tolerance 1.00e-04)
Best objective 5.510000000000e+02, best bound 5.510000000000e+02, gap 0.0000%
Opt.value = 551.0 [1, 7, 13, 39, 49, 10, 16, 52, 35, 57, 18, 20, 43, 59, 23, 33, ↩
60, 8, 26, 14, 5, 53, 6, 45, 51, 31, 48, 19, 47, 32, 17, 24, 22, 3, 29, 42, 11, 30,↩
 12, 28, 40, 44, 46, 36, 27, 9, 58, 4, 34, 55, 2, 25, 50, 38, 21, 37, 56, 15, 41, ↩
61, 54]
```

```
G = nx.Graph()
for idx, i in enumerate(sol[:-1]):
    G.add_edge(i, sol[idx + 1])
G.add_edge(sol[-1],sol[1])
pos = {i: (x_[i-1], y_[i-1]) for i in range(1,n+1)}
nx.draw(G, pos=pos, node_size=1000 / n + 10, with_labels=False, node_color="blue");
```

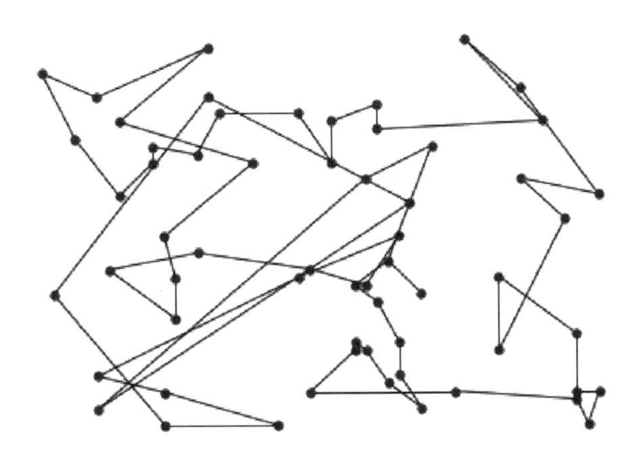

A 付録1: 商用ソルバー

- 求解に使用した商用ソルバー

A.1 商用ソルバー

本書では，以下の商用ソルバーを利用している．

- 数理最適化ソルバー Gurobi
- 制約最適化ソルバー SCOP
- スケジューリング最適化ソルバー OptSeq
- 配送最適化ソルバー METRO
- ロジスティクス・ネットワーク設計システム MELOS
- シフト最適化システム OptShift
- 集合被覆最適化ソルバー OptCover
- 一般化割当最適化ソルバー OptGAP
- パッキング最適化ソルバー OptPack
- 巡回セールスマン最適化ソルバー CONCORDE, LKH

A.2 Gurobi

数理最適化ソルバー Gurobi は，`https://www.gurobi.com/` からダウンロード・インストールできる．アカデミックは無料であり，インストール後 1 年間使用することができる．日本における総代理店は，オクトーバースカイ社 `https://www.octobersky.jp/` である．

Gurobi で対象とするのは，数理最適化問題である．数理最適化とは，実際の問題を数式として書き下すことを経由して，最適解，もしくはそれに近い解を得るための方法論である．通常，数式は 1 つの目的関数と幾つかの満たすべき条件を記述した制約式から構成される．

目的関数とは，対象とする問題の総費用や総利益などを表す数式であり，総費用のように小さい方が嬉しい場合には最小化，総利益のように大きい方が嬉しい場合には最大化を目的とする．問題の本質は最小化でも最大化でも同じである（最大化は目的関数にマイナスの符号をつければ最小化になる）．

Gurobi の文法の詳細については，拙著『あたらしい数理最適化—Python 言語と Gurobi で解く—』（近代科学社, 2012）を参照されたい．

オープンソースの数理最適化ソルバーもある．本書では，Gurobi と同様の文法で記述できる mypulp (オープンソースの PuLP のラッパーモジュール）を用いている．

mypulp やその他のオープンソースライブラリの詳細については，拙著『Python 言語によるビジネスアナリティクス—実務家のための最適化・統計解析・機械学習—』(近代科学社, 2016) を参照されたい．

A.3 SCOP

SCOP（Solver for COnstraint Programing: スコープ）は，大規模な制約最適化問題を高速に解くためのソルバーである．

ここで，制約最適化（constraint optimization）数理最適化を補完する最適化理論の体系であり，組合せ最適化問題に特化した求解原理—メタヒューリスティクス（metaheuristics）—を用いるため，数理最適化ソルバーでは求解が困難な大規模な問題に対しても，効率的に良好な解を探索することができる．

このモジュールは，すべて Python で書かれたクラスで構成されている．SCOP のトライアルバージョンは，`http://logopt.com/scop2/` からダウンロード，もしくは GitHub（`https://github.com/mikiokubo/scoptrial`）からクローンできる．また，テクニカルドキュメントは，`https://scmopt.github.io/manual/14scop.html` にある．

SCOP で対象とするのは，汎用の重み付き制約充足問題である．

一般に**制約充足問題**（constraint satisfaction problem）は，以下の 3 つの要素から構成される．

- 変数（variable）: 分からないもの，最適化によって決めるもの．制約充足問題では，変数は，与えられた集合（以下で述べる「領域」）から 1 つの要素を選択することによって決められる．
- 領域（domain）: 変数ごとに決められた変数の取り得る値の集合．
- 制約（constraint）: 幾つかの変数が同時にとることのできる値に制限を付加するための条件．SCOP では線形制約（線形式の等式，不等式），2 次制約（一般の 2 次式の等式，不等式），相異制約（集合に含まれる変数がすべて異なることを表す制約）が定義できる．

制約充足問題は，制約をできるだけ満たすように，変数に領域の中の 1 つの値を割り当てることを目的とした問題である．

SCOP では，**重み付き制約充足問題**（weighted constraint satisfaction problem）を対象とする．

ここで「制約の重み」とは，制約の重要度を表す数値であり，SCOP では正数値もしくは無限大を表す文字列 'inf' を入力する．'inf' を入力した場合には，制約は**絶対制約**（hard constraint）とよばれ，その逸脱量は優先して最小化される．重みに正数値を入力した場合には，制約は**考慮制約**（soft constraint）とよばれ，制約を逸脱した量に重みを乗じたものの和の合計を最小化する．

すべての変数に領域内の値を割り当てたものを**解**（solution）とよぶ．SCOP では，単に制約を満たす解を求めるだけでなく，制約からの逸脱量の重み付き和（ペナルティ）を最小にする解を探索する．

A.3.1 SCOP モジュールの基本クラス

SCOP は，以下のクラスから構成されている．

- モデルクラス Model

- 変数クラス Variable
- 制約クラス Constraint (これは，以下のクラスのスーパークラスである）
  - 線形制約クラス Linear
  - 2 次制約クラス Quadratic
  - 相異制約クラス Alldiff

A. 4 OptSeq

スケジューリング（scheduling）とは，稀少資源を諸活動へ（時間軸を考慮して）割り振るための方法に対する理論体系である．スケジューリングの応用は，工場内での生産計画，計算機におけるジョブのコントロール，プロジェクトの遂行手順の決定など，様々である．

ここで考えるのは，以下の一般化資源制約付きスケジューリングモデルであり，ほとんどの実際問題をモデル化できるように設計されている．

- 複数の作業モードをもつ作業
- 時刻依存の資源使用可能量上限
- 作業ごとの納期と重み付き納期遅れ和
- 作業の後詰め
- 作業間に定義される一般化された時間制約
- モードごとに定義された時刻依存の資源使用量
- モードの並列処理
- モードの分割処理
- 状態の考慮

OptSeq（オプトシーク）は，一般化スケジューリング問題に対する最適化ソルバーである．スケジューリング問題は，通常の混合整数最適化ソルバーが苦手とするタイプの問題であり，実務における複雑な条件が付加されたスケジューリング問題に対しては，専用の解法が必要となる．OptSeq は，スケジューリング問題に特化した**メタヒューリスティクス**（metaheuristics）を用いることによって，大規模な問題に対しても短時間で良好な解を探索することができるように設計されている

このモジュールは，すべて Python で書かれたクラスで構成されている．OptSeq のトライアルバージョンは，`http://logopt.com/optseq/` からダウンロード，もしくは GitHub（`https://github.com/mikiokubo/optseqtrial`）からクローンできる．また，テクニカルドキュメントは，`https://scmopt.github.io/manual/07optseq.html` にある．

A. 4. 1　OptSeq モジュールの基本クラス

行うべき仕事（ジョブ，作業，タスク）を**作業**（activity; 活動）とよぶ．スケジューリング問題の目的は作業をどのようにして時間軸上に並べて遂行するかを決めることであるが，ここで対象とする問題では作業を処理するための方法が何通りかあって，そのうち 1 つを選択することによって処理するものとする．このような作業の処理方法を**モード**（mode）とよぶ．

納期や納期遅れのペナルティ（重み）は作業ごとに定めるが，作業時間や資源の使用量はモードごとに決めることができる．

作業を遂行するためには**資源**（resource）を必要とする場合がある．資源の使用可能量は時刻ごとに変化しても良いものとする．また，モードごとに定める資源の使用量も作業開始からの経過時間によって変化しても良いものとする．通常，資源は作業完了後には再び使用可能になるものと仮定するが，お金や原材料のように一度使用するとなくなってしまうものも考えられる．そのような資源を**再生不能資源**（nonrenewable resource）とよぶ．

作業間に定義される**時間制約**（time constraint）は，ある作業（先行作業）の処理が終了するまで，別の作業（後続作業）の処理が開始できないことを表す先行制約を一般化したものであり，先行作業の開始（完了）時刻と後続作業の開始（完了）時刻の間に以下の制約があることを規定する．

- 先行作業の開始（完了）時刻 + 時間ずれ ≤ 後続作業の開始（完了）時刻

ここで，時間ずれは任意の整数値であり負の値も許すものとする． この制約によって，作業の同時開始，最早開始時刻，時間枠などの様々な条件を記述することができる．

OptSeq では，モードを作業時間分の小作業の列と考え，処理の途中中断や並列実行も可能であるとする．その際，中断中の資源使用量や並列作業中の資源使用量も別途定義できるものとする．

また，時刻によって変化させることができる**状態**（state）が準備され，モード開始の状態の制限やモードによる状態の推移を定義できる．

A.5 METRO

METRO（MEta Truck Routing Optimizer）は，配送計画問題に特化したソルバーである．METRO では，ほとんどの実際問題を解けるようにするために，以下の一般化をした配送計画モデルを考える．

- 複数時間枠制約
- 多次元容量非等質運搬車
- 配達・集荷
- 積み込み・積み降ろし
- 複数休憩条件
- スキル条件
- 優先度付き
- パス型許容
- 複数デポ（運搬車ごとの発地，着地）

SCMOPT プロジェクトの一部としてデモが `https://www.logopt.com/demo/` にあり，概要は `https://www.logopt.com/metro/` にある．また，テクニカルドキュメントは，`https://scmopt.github.io/manual/02metro.html` にある．

A.6 MELOS

MELOS（MEta Logistics Optimization System）は，ロジスティクス・ネットワーク設計問題に対する最適化システムである．

SCMOPT プロジェクトの一部としてデモが https://www.logopt.com/demo/ にあり，概要は https://www.logopt.com/melos/ にある．また，テクニカルドキュメントは，https://scmopt.github.io/manual/05lnd.html にある．

A. 7 MESSA

MESSA（MEta Safety Stock Allocation system）は，在庫計画問題に対する最適化システムである．

SCMOPT プロジェクトの一部としてデモが https://www.logopt.com/demo/ にあり，概要は https://www.logopt.com/messa/ にある．また，テクニカルドキュメントは，https://scmopt.github.io/manual/03inventory.html にある．

A. 8 OptLot

OptLot は，動的ロットサイズ決定問題に対する最適化システムである．

SCMOPT プロジェクトの一部としてデモが https://www.logopt.com/demo/ にあり，概要は https://www.logopt.com/optlot/ にある．また，テクニカルドキュメントは，https://scmopt.github.io/manual/11lotsize.html にある

A. 9 OptShift

OptShift は，シフト計画問題に対する最適化システムである．

SCMOPT プロジェクトの一部としてデモが https://www.logopt.com/demo/ にある．また，テクニカルドキュメントは，https://scmopt.github.io/manual/10shift.html にある

A. 10 OptCover

OptCover は，大規模な集合被覆問題を高速に解くためのソルバーである．アカデミック利用は無料であり，作者に直接連絡をとることによって利用可能である．作者の HP を以下に示す．

http://www.co.mi.i.nagoya-u.ac.jp/~yagiura/

商用の場合には以下のサイトを参照されたい．

https://www.logopt.com/optcover/

A. 11 OptGAP

OptGAP は，大規模な一般化割当問題を高速に解くためのソルバーである．アカデミック利用は無料であり，作者に直接連絡をとることによって利用可能である．作者の HP を以下に

示す.

http://www.co.mi.i.nagoya-u.ac.jp/~yagiura/

商用の場合には以下のコンタクトフォームを使用されたい.

https://www.logopt.com/contact-us/#contact

A. 12 OptPack

OptPack は，大規模な 2 次元パッキング問題を高速に解くためのソルバーである．アカデミック利用は無料であり，作者に直接連絡をとることによって利用可能である．作者の HP を以下に示す.

https://sites.google.com/g.chuo-u.ac.jp/imahori/

商用の場合には以下のコンタクトフォームを使用されたい.

https://www.logopt.com/contact-us/#contact

A. 13 CONCORDE

CONCORDE は，巡回セールスマン問題に対する厳密解法と近似解法であり，以下のサイトからダウンロードできる.

https://www.math.uwaterloo.ca/tsp/concorde/downloads/downloads.htm

アカデミック利用は無料であるが，商用利用の場合には作者の William Cook に連絡をする必要がある.

A. 14 LKH

LKH は，巡回セールスマン問題に対する近似解法（Helsgaun による Lin-Kernighan 法）であり，以下のサイトからダウンロードできる.

http://webhotel4.ruc.dk/~keld/research/LKH-3/

アカデミック・非商用のみ無料であるが，商用利用の場合には作者の Keld Helsgaun に連絡をする必要がある.

B 付録2: グラフに対する基本操作

- ここでは，グラフに関する基本的な関数を定義しておく．

B.1 本章で使用するパッケージ

```
import random, math
import networkx as nx
import plotly.graph_objs as go
import plotly
```

B.2 グラフの基礎

グラフ（graph）は点（node, vertex, point）集合 V と枝（edge, arc, link）集合 E から構成され，$G = (V, E)$ と記される．点集合の要素を $u, v(\in V)$ などの記号で表す．枝集合の要素を $e(\in E)$ と表す．2 点間に複数の枝がない場合には，両端点 u, v を決めれば一意に枝が定まるので，枝を両端にある点の組として (u, v) もしくは uv と表すことができる．

枝の両方の端にある点は，互いに隣接（adjacent）しているとよばれる．また，枝は両端の点に接続（incident）しているとよばれる．点に接続する枝の本数を次数（degree）とよぶ．

枝に「向き」をつけたグラフを有向グラフ (directed graph, digraph) とよび，有向グラフの枝を有向枝 (directed edge，arc, link) とよぶ．一方，通常の（枝に向きをつけない）グラフであることを強調したいときには，グラフを無向グラフ（undirected graph）とよぶ．点 u から点 v に向かう有向枝 $(u, v) \in E$ に対して，u を枝の尾（tail）もしくは始点，v を枝の頭（head）もしくは終点とよぶ．また，点 v を u の後続点（successor），点 u を v の先行点（predecessor）とよぶ．

パス（path）とは，点とそれに接続する枝が交互に並んだものである．同じ点を通過しないパスを，特に単純パス（simple path）とよぶ．閉路（circuit）とは，パスの最初の点（始点）と最後の点（終点）が同じ点であるグラフである．同じ点を通過しない閉路を，特に単純閉路（cycle）とよぶ．

完全グラフ（complete graph）とは，すべての点間に枝があるグラフである．完全 2 部グラフ（complete bipartite graph）とは，点集合を 2 つの部分集合に分割して，（各集合内の点同士の間には枝をはらず; これが 2 部グラフの条件である）異なる点集合に含まれるすべての点間に枝をはったグラフである．

B.3 ランダムグラフの生成

以下の関数では，グラフは点のリスト nodes と隣接点（の集合）のリスト adj として表現している．

ここで生成するグラフは，『メタヒューリスティクスの数理』（共立出版, 2019）で用いられたものであり，グラフ問題に対する様々なメタヒューリスティクスで用いられる．

- rnd_graph: 点数 n と点の発生確率 prob を与えるとランダムグラフの点リスト nodes と枝リスト edges を返す．
- rnd_adj: 点数 n と点の発生確率 prob を与えるとランダムグラフの点リスト nodes と隣接点のリスト adj を返す．
- rnd_adj_fast: rnd_adj 関数の高速化版．大きなランダムグラフを生成する場合には，こちらを使う．
- adjacent: 点リスト nodes と枝リスト edges を与えると，隣接点のリスト adj を返す．

```
def rnd_graph(n, prob):
    """Make a random graph with 'n' nodes, and edges created between
    pairs of nodes with probability 'prob'.
    Returns a pair, consisting of the list of nodes and the list of edges.
    """
    nodes = list(range(n))
    edges = []
    for i in range(n - 1):
        for j in range(i + 1, n):
            if random.random() < prob:
                edges.append((i, j))
    return nodes, edges


def rnd_adj(n, prob):
    """Make a random graph with 'n' nodes and 'nedges' edges.
    return node list [nodes] and adjacency list (list of list) [adj]"""
    nodes = list(range(n))
    adj = [set([]) for i in nodes]
    for i in range(n - 1):
        for j in range(i + 1, n):
            if random.random() < prob:
                adj[i].add(j)
                adj[j].add(i)
    return nodes, adj


def rnd_adj_fast(n, prob):
    """Make a random graph with 'n' nodes, and edges created between
    pairs of nodes with probability 'prob', running in  O(n+m)
    [n is the number of nodes and m is the number of edges].
    Returns a pair, consisting of the list of nodes and the list of edges.
```

```
    """
    nodes = list(range(n))
    adj = [set([]) for i in nodes]

    if prob == 1:
        return nodes, [[j for j in nodes if j != i] for i in nodes]

    i = 1  # the first node index
    j = -1
    logp = math.log(1.0 - prob)  #

    while i < n:
        logr = math.log(1.0 - random.random())
        j += 1 + int(logr / logp)
        while j >= i and i < n:
            j -= i
            i += 1
        if i < n:  # else, graph is ready
            adj[i].add(j)
            adj[j].add(i)
    return nodes, adj


def adjacent(nodes, edges):
    """Determine the adjacent nodes on the graph."""
    adj = [set([]) for i in nodes]
    for (i, j) in edges:
        adj[i].add(j)
        adj[j].add(i)
    return adj
```

```
nodes, adj = rnd_adj_fast(10, 0.5)
print("nodes=", nodes)
print("adj=", adj)
```

```
nodes= [0, 1, 2, 3, 4, 5, 6, 7, 8, 9]
adj= [{1, 9}, {0, 2, 4, 5, 6, 7, 8}, {1, 3, 4, 5}, {2, 4, 5, 6, 8}, {1, 2, 3, 7, ↩
8}, {1, 2, 3}, {1, 3}, {8, 1, 4, 9}, {1, 3, 4, 7, 9}, {0, 8, 7}]
```

B.4　グラフを networkX に変換する関数

networkX は，Python 言語で使用可能なグラフ・ネットワークに対する標準パッケージである．networkX については，`http://networkx.github.io/` を参照されたい．

以下に，上の隣接リスト形式のグラフを networkX のグラフに変換するプログラムを示す．

```
def to_nx_graph(nodes, adj):
    G = nx.Graph()
```

```
    E = [(i, j) for i in nodes for j in adj[i]]
    G.add_edges_from(E)
    return G
```

```
G = to_nx_graph(nodes, adj)
print(G.edges())
```

```
[(0, 1), (0, 9), (1, 2), (1, 4), (1, 5), (1, 6), (1, 7), (1, 8), (9, 7), (9, 8), ↩
(2, 3), (2, 4), (2, 5), (4, 3), (4, 7), (4, 8), (5, 3), (6, 3), (7, 8), (8, 3)]
```

B.5 networkX のグラフを Plotly の図に変換する関数

Plotly はオープンソースの描画パッケージである（https://plotly.com/python/）. networkX のグラフを Plotly の図オブジェクトに変換するプログラムを示す.

```
def to_plotly_fig(
    G,
    node_size=20,
    line_width=2,
    line_color="blue",
    text_size=20,
    colorscale="Rainbow",
    pos=None,
):

    node_x = []
    node_y = []
    if pos is None:
        pos = nx.spring_layout(G)
    color, text = [], []
    for v in G.nodes():
        x, y = pos[v][0], pos[v][1]
        color.append(G.nodes[v]["color"])
        text.append(v)
        node_x.append(x)
        node_y.append(y)

    node_trace = go.Scatter(
        x=node_x,
        y=node_y,
        mode="markers+text",
        hoverinfo="text",
        text=text,
        textposition="bottom center",
        textfont_size=text_size,
        marker=dict(
            showscale=True,
```

```
        # colorscale options
        #'Greys' | 'YlGnBu' | 'Greens' | 'YlOrRd' | 'Bluered' | 'RdBu' |
        #'Reds' | 'Blues' | 'Picnic' | 'Rainbow' | 'Portland' | 'Jet' |
        #'Hot' | 'Blackbody' | 'Earth' | 'Electric' | 'Viridis' |
        colorscale=colorscale,
        reversescale=True,
        color=color,
        size=node_size,
        colorbar=dict(
            thickness=15, title="Node Color", xanchor="left", titleside="right"
        ),
        line_width=2,
    ),
)

edge_x = []
edge_y = []
for edge in G.edges():
    x0, y0 = pos[edge[0]]
    x1, y1 = pos[edge[1]]
    edge_x.append(x0)
    edge_x.append(x1)
    edge_x.append(None)
    edge_y.append(y0)
    edge_y.append(y1)
    edge_y.append(None)

edge_trace = go.Scatter(
    x=edge_x,
    y=edge_y,
    line=dict(width=line_width, color=line_color),
    hoverinfo="none",
    mode="lines",
)

layout = go.Layout(
    # title='Graph',
    titlefont_size=16,
    showlegend=False,
    hovermode="closest",
    margin=dict(b=20, l=5, r=5, t=40),
    xaxis=dict(showgrid=False, zeroline=False, showticklabels=False),
    yaxis=dict(showgrid=False, zeroline=False, showticklabels=False),
)
fig = go.Figure([node_trace, edge_trace], layout)

return fig
```

```
for v in G.nodes():
```

```
    G.nodes[v]["color"] = random.randint(0, 3)
fig = to_plotly_fig(G)
plotly.offline.plot(fig);
```

```
from IPython.display import Image
Image("../figure/networkx_plotly.PNG", width=800)
```

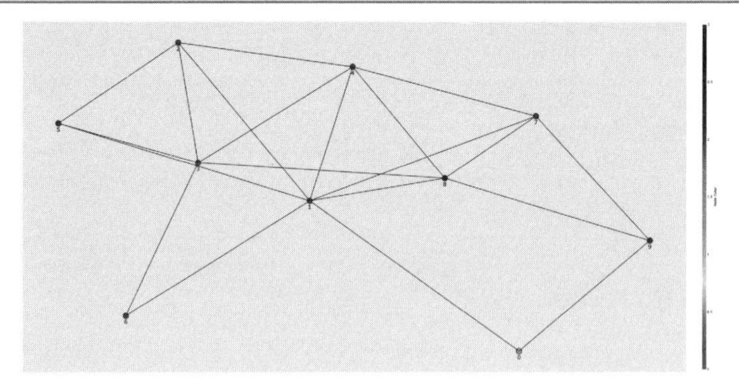

B.6 ユーティリティー関数群

以下に本書で用いるグラフに対する様々なユーテリティ関数を示す.

- complement: 補グラフを生成する.
- shuffle: グラフの点と隣接リストをランダムにシャッフルする.
- read_gpp_graph: DIMACS のデータフォーマットのグラフ分割問題のグラフを読む.
- read_gpp_coords: DIMACS のデータフォーマットのグラフ分割問題の座標を読む.
- read_graph: DIMACS のデータフォーマットの最大クリーク問題のグラフを読む.
- read_compl_graph: : DIMACS のデータフォーマットの最大クリーク問題の補グラフを読む.

```
def complement(nodes, edges):
    """determine the complement of 'edges'"""
    compl = []
    edgeset = set(edges)
    for i in range(len(nodes) - 1):
        for j in range(i + 1, len(nodes)):
            if (i, j) not in edgeset:
                # assert (i,j) not in compl
                compl.append((i, j))
    return compl

def shuffle(nodes, adj):
    """randomize graph: exchange labels of two vertices, a number of times"""
    n = len(nodes)
    order = list(range(n))
    random.shuffle(order)
```

```
    newadj = [None for i in nodes]
    for i in range(n):
        newadj[order[i]] = [order[j] for j in adj[i]]
        newadj[order[i]].sort()
    return newadj


def read_gpp_graph(filename):
    """Read a file in the format specified by David Johnson for the DIMACS
    graph partitioning challenge.
    Instances are available at ftp://dimacs.rutgers.edu/pub/dsj/partition
    """
    try:
        if len(filename) > 3 and filename[-3:] == ".gz":  # file compressed with gzip
            import gzip

            f = gzip.open(filename, "rb")
        else:  # usual, uncompressed file
            f = open(filename)
    except IOError:
        print("could not open file", filename)
        exit(-1)

    lines = f.readlines()
    f.close()
    n = len(lines)
    nodes = list(range(n))
    edges = set([])
    adj = [[] for i in nodes]
    pos = [None for i in nodes]

    for i in nodes:
        lparen = lines[i].find("(")
        rparen = lines[i].find(")") + 1
        exec("x,y = %s" % lines[i][lparen:rparen])
        pos[i] = (x, y)
        paren = lines[i].find(")") + 1
        remain = lines[i][paren:].split()
        for j_ in remain[1:]:
            j = int(j_) - 1  # -1 for having nodes index starting on 0
            if j > i:
                edges.add((i, j))
            adj[i].append(j)
    for (i, j) in edges:
        assert i in adj[j] and j in adj[i]
    return nodes, adj


def read_gpp_coords(filename):
```

```
    """Read coordinates for a graph in the format specified by David Johnson
    for the DIMACS graph partitioning challenge.
    Instances are available at ftp://dimacs.rutgers.edu/pub/dsj/partition
    """
    try:
        if len(filename) > 3 and filename[-3:] == ".gz":  # file compressed with gzip
            import gzip

            f = gzip.open(filename, "rb")
        else:  # usual, uncompressed file
            f = open(filename)
    except IOError:
        print("could not open file", filename)
        exit(-1)

    lines = f.readlines()
    f.close()
    n = len(lines)
    nodes = list(range(n))
    pos = [None for i in nodes]
    for i in nodes:
        lparen = lines[i].find("(")
        rparen = lines[i].find(")") + 1
        exec("x,y = %s" % lines[i][lparen:rparen])
        pos[i] = (x, y)
    return pos


def read_graph(filename):
    """Read a graph from a file in the format specified by David Johnson
    for the DIMACS clique challenge.
    Instances are available at
    ftp://dimacs.rutgers.edu/pub/challenge/graph/benchmarks/clique
    """
    try:
        if len(filename) > 3 and filename[-3:] == ".gz":  # file compressed with gzip
            import gzip

            f = gzip.open(filename, "rb")
        else:  # usual, uncompressed file
            f = open(filename)
    except IOError:
        print("could not open file", filename)
        exit(-1)

    for line in f:
        if line[0] == "e":
            e, i, j = line.split()
            i, j = int(i) - 1, int(j) - 1  # -1 for having nodes index starting on 0
            adj[i].add(j)
```

```
            adj[j].add(i)
        elif line[0] == "c":
            continue
        elif line[0] == "p":
            p, name, n, nedges = line.split()
            # assert name == 'clq'
            n, nedges = int(n), int(nedges)
            nodes = list(range(n))
            adj = [set([]) for i in nodes]
    f.close()
    return nodes, adj


def read_compl_graph(filename):
    """Produce complementary graph with respect to the one define in a file,
    in the format specified by David Johnson for the DIMACS clique challenge.
    Instances are available at
    ftp://dimacs.rutgers.edu/pub/challenge/graph/benchmarks/clique
    """
    nodes, adj = read_graph(filename)
    nset = set(nodes)
    for i in nodes:
        adj[i] = nset - adj[i] - set([i])
    return nodes, adj
```

索　引

全 3 巻分を掲載．太字：本巻，サンセリフ体：付録

さ 行

た 行

な 行

は 行

ま　行

や　行

ら　行

わ　行

著者略歴

久保幹雄（くぼみきお）

1963年　埼玉県に生まれる
1990年　早稲田大学大学院理工学研究科
　　　　博士後期課程修了
現　在　東京海洋大学教授
　　　　博士（工学）

Pythonによる実務で役立つ最適化問題100+
2. 割当・施設配置・在庫最適化・巡回セールスマン　定価はカバーに表示

2022年12月1日　初版第1刷

著　者　久　保　幹　雄
発行者　朝　倉　誠　造
発行所　株式会社　朝　倉　書　店
東京都新宿区新小川町 6-29
郵便番号　162-8707
電　話　03(3260)0141
FAX　03(3260)0180
https://www.asakura.co.jp

〈検印省略〉

シナノ印刷・渡辺製本

ISBN 978-4-254-12274-9　C 3004　Printed in Japan

実践 Python ライブラリー Pythonによる ファイナンス入門

中妻 照雄 (著)

A5 判／176 頁　978-4-254-12894-9 C3341　定価 3,080 円（本体 2,800 円＋税）

初学者向けにファイナンスの基本事項を確実に押さえた上で，Python による実装をプログラミングの基礎から丁寧に解説。〔内容〕金利・現在価値・内部収益率・債権分析／ポートフォリオ選択／資産運用における最適化問題／オプション価格

実践 Python ライブラリー Pythonによる 数理最適化入門

久保 幹雄 (監修)／並木 誠 (著)

A5 判／208 頁　978-4-254-12895-6 C3341　定価 3,520 円（本体 3,200 円＋税）

数理最適化の基本的な手法を Python で実践しながら身に着ける。初学者にも試せるようにプログラミングの基礎から解説。〔内容〕Python 概要／線形最適化／整数線形最適化問題／グラフ最適化／非線形最適化／付録: 問題の難しさと計算量

実践 Python ライブラリー Kivy プログラミング
―Python でつくるマルチタッチアプリ―

久保 幹雄 (監修)／原口 和也 (著)

A5 判／200 頁　978-4-254-12896-3 C3341　定価 3,520 円（本体 3,200 円＋税）

スマートフォンで使えるマルチタッチアプリを Python Kivy で開発。〔内容〕ウィジェット／イベントとプロパティ／ KV 言語／キャンバス／サンプルアプリの開発／次のステップに向けて／ウィジェット・リファレンス／他。

実践 Python ライブラリー はじめての Python & seaborn
―グラフ作成プログラミング―

十河 宏行 (著)

A5 判／192 頁　978-4-254-12897-0 C3341　定価 3,300 円（本体 3,000 円＋税）

作図しながら Python を学ぶ〔内容〕準備／いきなり棒グラフを描く／データの表現／ファイルの読み込み／ヘルプ／いろいろなグラフ／日本語表示と制御文／ファイルの実行／体裁の調整／複合的なグラフ／ファイルへの保存／データ抽出と関数

実践 Python ライブラリー Pythonによる ベイズ統計学入門

中妻 照雄 (著)

A5 判／224 頁　978-4-254-12898-7 C3341　定価 3,740 円（本体 3,400 円＋税）

ベイズ統計学を基礎から解説，Python で実装。マルコフ連鎖モンテカルロ法には PyMC3 を活用。〔内容〕「データの時代」におけるベイズ統計学／ベイズ統計学の基本原理／様々な確率分布／ PyMC ／時系列データ／マルコフ連鎖モンテカルロ法